역사를 만나는 산책길

역사를 만나는 산책길

공서연 한민숙 글 | 이원재 사진

교보문고

아는 만큼 보이는 산책길

- 이윤석(방송인, 작가)

어린 시절 〈전설의 고향〉이라는 TV 프로그램이 있었다. 온 가족이 둘러앉아 울고 웃으며 드라마를 보던 기억이 아련하다. 우리의 고향에는 그렇게 전설이 서려 있다.

〈우리의 소리를 찾아서〉라는 오래된 라디오 프로그램이 있다. 때로는 신명 나고 때로는 구슬픈 소리들이었다. 우리의 땅에는 그렇게 다양한 소리가 맺혀 있다.

지명이 들어간 노래들이 참 많다. 〈서울 서울 서울〉〈대전 블루스〉〈여수 밤바다〉〈부산 갈매기〉〈춘천 가는 기차〉〈제주도 푸른 밤〉…. 지명이 나오면 반갑고 정겹다. 그래서인지 오래 사랑받는다. 저 멀리 하늘에 떠도는 '뜬 노래'가 아닌 내가 발 딛고 선 곳에 발붙인 노래로 느껴져서일 것이다.

사람이 머무는 곳에는 어떻게든 흔적이 남는다. 그 흔적은 길이 되고 골목이 되고 동네가 되고 도시가 된다. 그리고 역사가 된다. 그래서 우리에게는 가능하다. 역사를 산책하는 것이.

일제 강점기에 지어진 서울역이 문화예술 공간으로 거듭났다. 세월의 무상함이 느껴진다. 봄볕 좋은 날 혜화동 제중원 뜨락 나무 밑 벤치에서 음악을 듣고 책을 읽고 싶다. 정순왕후가 남편 단종을 그리워하며 홀로 평생을 살았던 종로구 숭인동은 애잔하다.

창덕궁에서 융릉까지 화려하지만 슬픈 정조의 능행길을 따라 걷고 싶다. 왕의 위엄 속에는 아들로서의 회한이 있었을 터다. 철종이된 강화도령 이원범이 농사짓던 강화도. 인간의 운명이란 무엇인지 묻게 된다. 고종을 따라 정동을 거닐며 망국을 맞은 왕의 심정을 헤아려보고 싶다.

철강공장에서 예술공장으로 변신한 문래동에서 록 콘서트를 즐기고 싶다.

결사항전도, 항장불살도 모두 백성을 위한 것일 수 있음을 남한산성에서 배운다.

서울의 힙한 골목들을 둘러보고, 경교장, 장사리, 남영동에서 근현대사의 상처를 보듬고 싶다. 그리고 미래의 희망을 꿈꾸고 싶다.

알면 사랑하게 되고 사랑하면 알고 싶다.

아는 만큼 보이고 보는 만큼 알게 된다.

모든 공간엔 시간이 어려 있고 시간은 역사를 품고 있다.

공간이 들려주는 역사 이야기에 귀 기울여본다.

우리 땅의 뒷이야기, 고향의 속 이야기를 들어본다.

책을 읽는 것은 전반전, 책을 들고 역사를 산책할 후반전이 기대된다.

목차

예나 지금이나, 사람 사는 모습

우리의 자유로운 삶이 있기까지

파리가 부럽지 않은 역사 도시, 서울

유럽의 역사 도시 구시가지에는
한눈에 봐도 오래된 건축물들이 멋스럽게 늘어서 있다.
덕분에 도시 자체가 최고의 관광지다.
눈부신 성장 속도에 맞춰 과거의 흔적이 많이 사라진 서울이지만,
잘 찾아보면 곳곳에 역사의 흔적이 있다.
아름다운 곡선의 한옥이 있는가 하면 이국적인 근대의 건축물도 있다.
이런 흔적들을 따라가며 서울의 매력을 찾아보자.

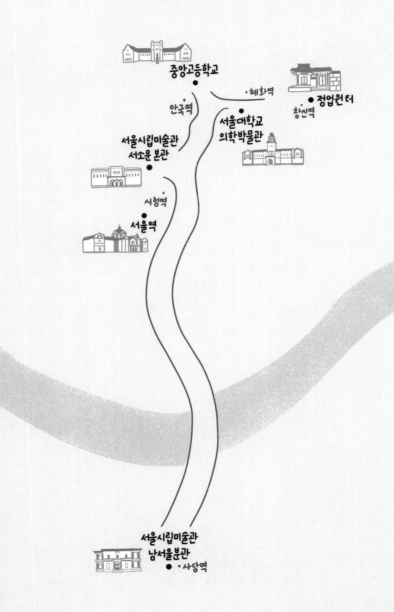

중앙고등학교

•혜화역

정업원터

안국역

창신역

서울대학교
의학박물관

서울시립미술관
서소문 본관

시청역

서울역

서울시립미술관
남서울분관

•사당역

서울의 첫인상은 어떻게 변해왔을까?

#서울역 #서울로 7017 #만리재로 #약현성당 #서소문역사공원 #수제화거리 #손기정체육공원

'경성역 일 이등 대합실 한 곁 티이루움에를 들렀다. 그것은 내게는 큰 발견이었다. 거기는 우선 아무도 아는 사람이 안 온다. 설사 왔다가도 곧 돌아가니까 좋다. 나는 날마다 여기 와서 시간을 보내리라 속으로 생각하여 두었다. 제일 여기 시계가 어느 시계보다도 정확하리라는 것이 좋았다. 섣불리 서투른 시계를 보고 그것을 믿고 시간 전에 집에 돌아갔다가 큰 코를 다쳐서는 안 된다.

나는 한 복스에 아무것도 없는 것과 마주 앉아서 잘 끓은 커피를 마셨다. 총총한 가운데 여객들은 그래도 한 잔 커피가 즐거운가 보다. 얼른얼른 마시고 무얼 좀 생각하는 것같이 담벼락도 좀 쳐다보고 하다가 곧 나가 버린다. 서글프다. 그러나 내게는 이 서글픈 분위기가 거리의 티이루움들의 그 거추장스러운 분위기보다는 절실하고 마음에 들었다. 이따금 들리는 날카로운 혹은 우렁찬 기적 소리가 모오짜르트보다도 더 가깝다.'

천재 작가 이상의 소설 〈날개〉에 등장하는 그 시절 서울역의 모습이다. 이 대목만으로도 당시 경성에서 가장 번화하고 세련된 장

1925년 완공된 이후 서울의 관문 역할을 해왔던 옛 서울역 전경. 사적 제284호로 지정되었다.

소였을 것 같은 느낌이 물씬 풍겨온다.

　옛 서울역은 2004년 지금의 신新역사가 들어서기 전까지 오랜 세월 서울 교통의 중심이자 서울로 들어서는 관문 역할을 해왔다. 우리나라 근대 역사를 고스란히 간직한 곳이니만큼 옛 서울역에 얽힌 이야기는 무궁무진하고, 공간 곳곳에는 오랜 세월의 흔적이 묻어난다.

　이제 '문화역 서울 284'라는 신개념 복합문화공간으로 많은 사람들과 만나고 있는 옛 서울역은 현재의 미적 기준으로 보아도 손색이 없을 만큼 아름다운 건축미를 자랑하는 서울의 대표적 명소다.

수많은 이들의 꿈과 희망을 실어 날랐던
옛 풍경 속 서울역

　누구에게나 옛 서울역에 대한 추억이 하나씩은 있지 않을까. 꼭
추억이 아니더라도 서울역을 지나며 떠올렸던 인상이나 그 당시 느
꼈던 감정 같은 것 하나쯤은 마음속에 품고 있을 것이다. 그런 이
유 때문일까, 우리 문학작품 속에는 옛 서울역이 등장하거나 배경
으로 사용되는 경우가 유독 많았다. 이상의 〈날개〉를 비롯해 박태
원의 《소설가 구보 씨의 일일》, 박완서의 《그해 겨울은 따뜻했네》,
김홍신의 《인간시장》 등 많은 작품에서 서울역은 주요 배경이 되었
다. 문학작품만이 아니다. 드라마나 영화 등에서도 심심치 않게 등
장해 지방과 도시의 대비를 보여주는 상징처럼 사용되었다. 덕분에
옛 서울역은 심지어 그곳을 이용해보지 않은 사람들에게도 낯익게
느껴지는 매력이 있는 장소였다.

　옛 서울역은 기차를 타는 장소 그 이상의 가치를 품고 있다.
1925년에 지어진 이 건물은 고속철도 KTX가 개통되면서 새 역사
가 생기기 전까지 80여 년간 서울의 주요 관문 역할을 해왔다. 급
속한 산업화가 이루어지던 1960~70년대에는 성공을 꿈꾸며 서울로

원래 '남대문 정거장'이란 이름으로 시작한 작고 소박한 역에 경의선과 경부선
이 연이어 개통되면서 1925년에 지금과 같은 서울역의 모습이 갖춰졌다.

올라오는 젊은이들의 첫 무대였다. 청운의 꿈을 안고 기차에 몸을 실어 난생처음 서울에 도착한 사람들은 서울역 광장으로 나와서야 드디어 서울에 왔음을 실감하곤 했다.

한편, 옛 서울역은 일제 강점기의 갖은 수탈과 근대화를 압축적으로 보여주는 역사적 장소이기도 하다. 1920년대에 들어서자 일본은 물자와 인력을 원활히 운송하기 위해 새로운 역이 필요했고, 서울역 구역사 위치에 흐르던 만초천을 직강화해 경부선 옆으로 흐르게 만든 뒤 하천을 매립해 역으로 만들었다. 1922년 공사를 시작해 1925년에 이곳을 완공했는데, 당시의 이름은 경성역이었다. 서울역으로 이름이 바뀐 건 해방 이후다.

2004년 KTX의 개통과 함께 새로 지은 역사驛舍로 기차역의 기능이 옮겨가면서 옛 서울역은 한동안 방치되었다. 그러다가 2011년 내부 복원 공사를 마친 뒤 '문화역 서울 284'라는 복합문화공간으로 새롭게 태어났다. 문화 네트워크의 중심이 되는 역이자 서울이라는 지역성, 사적 284호로 지정된 국가문화재라는 의미를 함께 담은 이름이다.

1925년 지어진 기차역이 '문화역 서울 284'가 되기까지

우리나라 최초의 철도는 1900년에 건설된 경인철도로 제물포역과 서대문역을 잇는다. 이는 1804년 영국에서 증기기관차가 발명된 지 약 100년 만의 일이었다. 같은 해인 1900년 7월, 현재의 서울역 자리에 지어진 기차역은 원래 '남대문 정거장'이란 이름으로 시작한 작고 소박한 역이었다. 그 후 경의선(1902년)과 경부선(1905년)이 연이어 개통되면서 1925년에 지금과 같은 모습의 역사가 완공되었다. 1960~70년대에 우리나라의 경제 성장과 함께 이용객 수가 급격히 증가하자 1988년에는 서울역 서쪽에 민자 역사를 새로 지어 규모를 확장하기도 했다.

옛 서울역은 르네상스 궁전 양식에 따라 지어진 지상 2층, 지하 1층 구조의 건물이다. 붉은 벽돌과 청동색 돔, 화강암 바닥, 인조석을 붙인 벽, 박달나무 바닥 등으로 이루어진 유럽풍의 이국적인 외관은 지금 봐도 아름답기 그지없다. 르네상스 양식은 인간 중심의 디자인, 화려한 장식보다는 재료의 특성이 잘 드러나도록 하는 것이 특징인데, 옛 서울역에서도 그러한 특징이 고스란히 드러난다. 옛 서울역을 바라보고 있노라면 왠지 모르게 따뜻하고 감성적인 느

비잔틴 양식의 돔, 붉은 벽돌과 어우러진 화강암은 옛 서울역을 더욱 아름답게
하는 요소들이다. 중앙의 '파발마'라는 이름의 시계는 옛 서울역의 상징물처럼
여겨진다.

낌이 드는 이유도 이 때문일지 모르겠다.

멀리서 보면 석조 건물 특유의 웅장함과 우아함도 지니고 있다.
서양의 궁전처럼 화려한 느낌을 주는 건물 외관은 붉은색 벽돌과
어우러진 화강암으로 되어 있는데, 중앙 돔을 중심으로 비례가 중
시된 좌우 대칭을 이루고 있다. 뭐니 뭐니 해도 옛 서울역에서 가장
아름다운 곳은 돔이다. 돔은 사각형 평면 위에 원형의 돔을 얹는
형식이 특징인 비잔틴 양식으로 되어 있다. 돔의 네 귀퉁이에 세워
진 탑은 장식적 요소가 더 많은 바로크 양식 기법이 더해진 것이라
고 한다.

건물의 정면에 서서 바라보면 중앙에 붙어 있는 시계도 눈에 띈다. '파발마'라는 이름을 가진 이 시계는 옛 서울역의 상징이라 할 수 있다. 1970년대 후반까지는 한국에서 가장 큰 시계였는데, 시계 지름이 무려 160센티미터에 이른다. 6·25 전쟁이 있던 시기 3개월 정도를 제외하고는 한 번도 멈춘 적이 없다는 이 시계는 1951년 1·4후퇴로 피난할 때 역무원들이 시계를 분리해 가져갔을 정도로 소중히 여겼다고 전해진다.

일제가 서울역을 이렇듯 웅장하고 아름답게 지은 이유는 단순히 물자와 인력을 더 많이 나르기 위한 목적 뒤에 대륙으로 식민 지배를 확장하려던 야망도 담겨 있다. 일제는 서울역을 일본과 조선, 만주, 소련, 독일을 잇는 철도의 중심지로 삼고자 했다.

오랜 역사를 간직한 채 세련된 문화공간으로 거듭나다

건물 내부로 들어서면 탁 트인 중앙홀이 가장 먼저 사람들을 맞이한다. 첫인상은 우아하고 기품이 있다. 중앙홀은 석조 건축의 아름다움을 가장 잘 보여주는 공간이다. 열두 개의 석재 기둥, 동쪽

천장의 스테인드글라스는 태극 문양을 중심으로 강강술래를 형상화한 그림이
다(좌). 과거 이발소와 화장실로 사용되었던 공간이 복원전시실로 탈바꿈했
다(우).

과 서쪽의 반원형 창, 천장의 스테인드글라스로 이루어져 있고, 석
재 기둥은 상부의 돔을 지지한다. 자세히 보면 기둥마다 기단의 높
이가 다른데, 이 중 높은 기단은 양쪽 기둥을 연결해 수하물을 부
치는 공간으로 사용했었다고 한다. 천장의 스테인드글라스는 6·25
전쟁 후에는 태극 문양과 네 마리의 봉황, 무궁화 그림이 있었는데,
지금은 태극 문양을 중심으로 강강술래를 형상화한 그림으로 바뀌
었다.

  공연·전시·이벤트·카페 등의 다목적 공간으로 탈바꿈한 1층에

는 당시의 1·2등 대합실, 3등 대합실, 부인 대합실, 귀빈실 등이 있다. 지금으로 따지면 특실 승차권을 끊은 승객들은 1·2등 대합실에, 일반실 승차권을 끊은 승객은 3등 대합실에서 머물렀다. 그중에서도 여성 승객은 부인 대합실에 따로 머물렀다고 하니 격세지감이 느껴진다. 귀빈실은 대리석으로 된 벽난로, 방을 비추는 커다란 거울, 고급스러운 장식벽지로 마감된 점이 인상적이다. 귀빈실을 거쳐 간 사람들은 우리 역사에 기록될 만한 유명인사들이었다. 그중에는 조선의 마지막 황녀 덕혜옹주도 있었는데, 이곳에서 일본으로 가는 옹주의 모습을 상상해보면 우리의 가슴 아픈 역사가 더욱 마음 깊이 와닿는다.

현재 아카이브·기획 전시실·사무공간 등으로 쓰이고 있는 2층에는 당시 지식인들의 사교 중심지였으며, 어마어마한 규모로 유명세를 떨쳤던 대식당 '그릴Grill'과, 당시의 시공 방법이나 장식 등을 상세히 보여주는 복원 전시실이 마련되어 있다. 이발소와 화장실 등의 편의시설로 사용되던 공간에 자리한 복원 전시실은 예전에 사용되었던 나무 창틀을 전시용 프레임으로 그대로 활용하는 등 과거와 현재가 만나는 접점으로 활용한 참신하고 의미 있는 아이디어가 돋보였다.

삭막한 서울역의 풍경을 바꿔준 서울로 7017

옛 서울역을 거론할 때 빼놓을 수 없는 것이 그 옆을 지나가는 고가도로였다. 1970년에 만들어진 이 도로는 2013년 안전점검에서 불합격 판정을 받아 찻길로서의 역할을 더 이상 못하게 되면서 철거 위기에 처했다. 하지만 서울시는 철거가 아닌 재생을 선택했고, 2017년 공원이자 보행로로 다시 태어날 수 있었다. 바로 '서울로 7017'이다. 서울역 고가도로가 만들어진 1970년과 보행로로 재탄생한 2017년을 함께 담은 이름이다. 동시에 1970년대에 만들어진 17미터 높이의 고가라는 의미와 1970년대의 차량길에서 17개의 사람길로 재탄생했다는 의미를 담고 있기도 하다. 실제로 엘리베이터나 계단으로 연결된 17개의 보행로가 있어 주변 길이나 건물들로 이동하기 쉽다.

총 1,024미터의 서울로 7017은 645개의 원형 화분에 총 228종, 2만 4,085주의 다양한 수목이 심긴 공중정원으로, 다양한 나무와 식물들 사이를 천천히 걸으며 계절을 느끼기에도 좋다. 또한 관광안내소를 비롯해 카페, 달팽이극장, 장미무대, 방방놀이터 등 다양한 체험시설과 편의시설이 설치되어 있다. 다른 도심 어디에서도 볼

서울역 뒤 만리동부터 남대문시장이 있는 퇴계로까지 뻗어 있는 고가를 재정비
한 '서울로 7017'은 시민들의 휴식처 같은 공간이다.

수 없는 형태의 녹지공간과 휴게공간은 서울의 새로운 명소로 주목 받고 있으며 어두컴컴하기만 했던 고가 아래 역시 다양한 문화공간 으로 탈바꿈했다.

서울로 7017은 공중에 조성된 정원인 만큼 전망 역시 특별하다. 서울역과 철길 풍경이 한눈에 내려다보이고, 쉼 없이 지나가는 차 들이 도로 위를 내달린다. 이곳이 가장 아름다울 때는 노을빛이 사 방을 물들이는 해 질 무렵이다. 그러다 밤이 내리고 어둑해질 때쯤 이면 서울역 맞은편의 서울스퀘어 빌딩 전면에는 거대한 미디어 파 사드가 펼쳐지고, 대도시는 저마다 불을 밝히며 화려함을 뽐낸다.

함께 둘러보면 좋은 서울역 주변 명물

길게 뻗어 있는 서울로 7017의 양 끄트머리에서 퇴계로_{남대문} 방 향, 혹은 만리재로 쪽으로 가면 다시 소박한 길 여행을 시작할 수 있다. 남대문 방향으로 가거나 서울스퀘어 빌딩 안으로 들어가면 현대적이고 세련된 레스토랑과 카페들이 즐비해 눈이 휘둥그레지 기 일쑤지만, 서울역 뒤쪽의 만리동 광장에서 시작하는 만리재로는 좀 더 소박하고 푸근하다. 1925년 서울역의 탄생과 함께 시작된 염천교 수제화거리에서는 1970~1980년대 분위기를 그대로 느껴볼 수 있으며, 우리나라에서 가장 아름다운 성당 중 하나로 꼽히는 약현성당과, 2019년에 조성되어 서울시 건축상 최우수상을 받은 서소문역사공원 및 서소문성지역사박물관, 마냥 걷기 좋은 손기정체육공원과 손기정기념관도 함께 둘러볼 것을 추천한다.

100년 넘은 건축물에는 독립운동의 기억이 있다

#계동1번지 #중앙고등학교 #북촌 #배렴 가옥 #창덕궁 후원

　분주한 것으로 치자면 세계 어느 도시에도 뒤지지 않을 것 같은 서울이지만 왠지 북촌에서의 시간만큼은 조금 천천히 흐르는 듯 느껴진다. 요즘 익선동, 문래동, 을지로 등 많은 지역이 '레트로retro: 복고풍'를 내세우며 주목받고 있지만, 레트로의 원조라고 할 만한 곳이 바로 북촌 아닐까. 기와집이 모여 한옥마을을 이루고, 현대식 고층 빌딩이 없으며, 어디로 이어질지 모르는 골목이 가슴을 두근거리게 만드는 곳. 조용하고 고즈넉한 분위기가 시간이라도 거슬러온

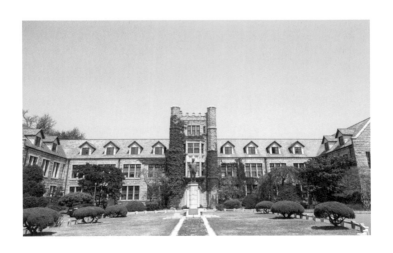

계동 1번지에 자리한 중앙고등학교의 본관(사적 제281호).

것 같은 느낌을 준다.

골목마다 이야기가 있고 오래된 사연이 있을 것만 같은 북촌의 계동에서도 특히 과거에서 현대로 이어지는 길목을 상징하는 근대 건축물이 눈길을 사로잡는다. 100년 이상의 역사와 전통을 자랑하는 중앙고등학교가 그 주인공이다.

걷고 또 걷고 싶은 아름다운 골목길, 계동

계동은 청계천과 종각의 북쪽에 위치한 북촌과 창덕궁의 사이에 있다. '계동'이라는 명칭은 1914년부터 불리기 시작했다. 본래 이 지역은 조선 시대 서민 의료기관인 제생원濟生院이 위치해 있어 제생동으로 불리다가 이후 계생동으로 바꾸어 불렀고, 계생동을 계동으로 줄여 부르기 시작했다고 전해진다.

안국역 3번 출구 현대 사옥 옆길에서 시작해 그 길의 끝자락에 위치한 중앙고등학교까지 이어지는 900여 미터의 나지막한 언덕길이 바로 계동길이다. 이 길은 우리를 순간순간 어릴 적 추억으로 살포시 데려다 놓기도 한다. 과거의 풍경이 현재 속에서 여전히 살아

전통과 현대가 만나 독특한 멋스러움을 간직하고 있는 계동길.

숨 쉬고 있기 때문이다. 기름집, 세탁소, 미용실, 목욕탕 등 이제는 쉽게 찾아볼 수 없는 오래된 가게들과 간판들이 그저 정겹다.

추억을 자극하는 공간들 사이사이에는 옛것에 새로움을 입힌 상업 공간도 눈에 띈다. 목욕탕 간판을 단 선글라스 매장, 주인장의 개성을 담은 소규모 독립 서점, 계동을 더욱 계동답게 만드는 다양한 상점과 카페들이 산책을 더욱 즐겁게 만든다. 상점들이 들어선 골목 양쪽으로 한옥이 밀집되어 있는 마을이 펼쳐진다. 옛 한옥들은 비교적 잘 보존되어 있다. 이러한 한옥마을 풍경이 계동의 멋스러움을 더한다.

한국 근현대사와 함께한 중앙고등학교를 만나다

계동길의 매력에 푹 빠져 걷다 보면 어느새 중앙고등학교 정문에 다다른다. 교문 옆으로 한류 스타들의 사진이 다닥다닥 붙은 상점이 눈길을 끈다. 드라마 〈겨울연가〉와 〈도깨비〉 등 다양한 작품들의 배경이 되면서 이곳은 우리나라를 찾은 외국인들에게도 꼭 들러야 할 명소가 되었다. 다행히 중앙고등학교 교정은 학생들의 수

언덕을 오르면 만나게 되는 은행나무가 있는 정문.

업이 있는 평일을 제외하고, 주말과 공휴일에는 일반인의 출입이 가능하도록 개방하고 있다.

　교문 안쪽에는 500년 정도 된 커다란 은행나무가 탐방객들을 먼저 반긴다. 예부터 주민들은 이 나무를 지역의 수호신으로 여겨 매년 가을 당제를 지냈으며, 1987년에는 천안 독립기념관 개관을 기념하고자 이 나무를 삽목하기도 했다.

　야트막한 언덕을 오르기 시작하면 중앙고등학교 본관이 수면 위에 떠오르는 해처럼 조금씩 그 모습을 드러내기 시작한다. 언덕을 다 오르면 교정의 풍경이 한꺼번에 시원하게 펼쳐진다. 파란 하늘 아래 중세 시대의 성을 만난 듯한 본관의 풍경은 이국적인 느낌에 멋스럽기 그지없다.

중앙고등학교는 1908년 기호지방 우국지사들에 의해 만들어진 기호흥학회가 기호학교라는 이름으로 설립했다. 일제의 침략이 노골화된 구한말에 신학문을 통한 교육구국敎育救國, 교육입국敎育立國의 취지를 담은 교육기관이다. 당시 우국지사들에 의해 설립된 호남, 교남, 관동 등의 학회가 운영난에 빠지자 1910년 11월 모두 통합해 학회 이름을 중앙학회로 바꾸고 학교 이름도 중앙학교로 개칭했다. 하지만 그 뒤에도 재정난은 계속되어 경영이 어려워지자 1915년 인촌 김성수가 이를 인수했고 1917년에 계산 언덕(지금의 서울 종로구 계동)에 교사를 신축하고 이전했다. 현재 교정에는 사적으로 지정된 본관, 동관, 서관이 남아 있다. 세 건물 모두 일제 강점기 때 민족 사학의 기치를 내걸고 지어졌다.

고색창연한 멋을 풍기는 본관의 위용

지금의 중앙고등학교 본관은 한 차례 다시 지어진 건물이다. 본래는 일본인 건축가 나마쿠라 요시헤이가 설계했던 붉은 벽돌조의 본관(1917년 준공)이 있었지만, 1934년 알 수 없는 화재로 소실되었다. 이후 고려대학교 본관을 설계한 우리나라 1세대 근대 건축가 박동진이 설계해 1937년 9월 완공한 건물이 현재의 본관이다.

이 건물은 H자형 평면에 고딕풍 성곽식의 중앙탑이 있는 2층 석조 건물로, 중세 시대 건축물의 분위기를 물씬 풍긴다. 본관의 튜더아치Tudor arch를 지나면 정원이 보이고, 그 좌우로 붉은 벽돌조 동관과 서관, 그리고 석조 신관이 있어, 모든 교사가 중앙의 축을 중심으로 대칭의 형태로 둘러져 있다. 또 건물 중앙에는 4층의 중앙탑을 높이 세워 위엄을 드러냈다. 이 건물은 당시 유럽과 미국 학교 건물의 영향을 많이 받았다고 전해진다. 1981년 9월 25일에는 그 가치를 인정받아 사적 제281호로 지정되었다.

본관 앞 정원을 한 바퀴 둘러본 뒤에는 본관 뒤에 자리 잡고 있는 서관(사적 제282호)과 동관(사적 제283호)으로 이동하자. 쌍둥이처럼 닮아 있는 두 건물 모두 옛 본관을 설계한 나카무라 요시헤이의 작

동관과 서관은 마치 쌍둥이 건물처럼 닮았다.

품으로, 두 건물은 서로 비슷한 구조로 마주 보고 있는데, 이로 인해 교정의 전체적인 안정과 균형을 자아내는 듯 보인다. 두 건물 모두 건축학적으로 본관에 뒤지지 않을 만큼 아름다움을 자랑한다.

1921년 고딕 양식의 붉은 벽돌로 지어진 서관은 T자형 구조다. 화강암과 붉은 벽돌을 엇물려 지은 점, 뾰족한 아치형 창틀, 가파른 고딕식 지붕 등은 우리나라의 20세기 초기 건축 양식을 고스란히 보여준다. 서관의 뒤를 이어 1923년 10월에 완공된 동관은 면적이 서관보다 조금 더 넓다. 두 건물 모두 현재까지 학생들이 실제 수업을 하는 교실로 사용되고 있다.

본관 앞에는 1915년에 중앙학교를 인수한 인촌 김성수의 동상이

세워져 있다. 김성수는 일제 강점기에 경성방직과 〈동아일보〉를 창
설한 사업가이며, 보성전문학교(현 고려대학교)와 중앙학교를 인수
해서 경영한 교육자이기도 했다. 또 해방 후 1950년에는 제2대 부
통령에 당선되기도 했지만, 이듬해 이승만 정권의 독재에 반대해 사
임하고 반독재 투쟁을 펼친 정치인이기도 했다. 일제 강점기에는 경
성방직을 경영하며 물산장려운동에 힘썼고, 독립운동가들이나 조
선어학회 등을 지원하기도 했지만, 1940년대 들어 학도병 권유, 징
병제 독려, 내선일체 찬양 글을 다수 쓰면서 결국 친일인사로 분류
된 인물이다.

역사의 발자취가 고스란히 담긴 교정

　교육으로 국민을 계몽해 민족 독립을 이뤄내겠다는 김성수의 의
지는 그의 친일 행적으로 빛이 바랬지만, 학교 곳곳에는 배움으로
나라를 구하고자 했던 학생들의 의지와 역사적 숨결이 그대로 남
아 있다. 중앙고등학교는 3·1운동을 처음 계획한 곳으로, 이를 기
리는 3·1운동 책원비가 본관 서쪽에 자리해 있다. 본관 동쪽으로

본관 서쪽에 자리한 3·1운동 책원비와 교정 동북쪽에 자리한 3·1기념관.

는 제국의 마지막 황제인 순종의 인산일에 태극기를 흔들며 "독립 만세"를 외치던 학생들을 기리는 6·10만세 기념비가 위치해 있다.

교정 동북쪽 담장 주변에 자리한 3·1기념관도 꼭 둘러보아야 한다. 1919년 1월 일본 도쿄 유학생 송계백이 교사 현상윤, 교장 송진우를 방문해 유학생들의 거사 계획과 준비 상황을 알리고 '2·8 독립선언서' 초안을 전달함으로써 3·1운동의 도화선을 놓은 중요한 장소다. 그 당시 숙직실은 없어졌고 현재는 3·1기념관이 역사의 현장을 대신하고 있다. 그 밖에도 대한제국 고위 장교이자 독립운동가인 노백린의 집터 등도 만날 수 있다.

우리 근대사의 한 페이지를 고스란히 담고 있는 중앙고등학교 교정을 거닐고 있노라면 마치 거대한 야외 박물관을 걷는 듯하다. 근대 건축물과 우리의 아픈 역사가 공존하는 곳, 중앙고등학교를 거니는 시간은 그래서 더 아름답고 특별하다.

중앙고등학교 주변의 볼거리들

중앙고등학교의 본관을 거쳐 서관, 동관을 지나면 푸른 잔디밭

중앙고등학교의 운동장에서는 일반에 비공개인 창덕궁 후원의 신선원전이 보인다.

의 운동장이 보이고, 이곳에서 오른편으로 가면 창덕궁 후원의 신선원전新璿源殿이 내려다보인다. 신선원전은 1921년에 건립된 조선 왕실의 전각으로, 조선 태조에서 순종에 이르기까지 조선 국왕 12명의 어진王의 초상화 48본이 봉안된 곳이다. 신선원전은 조선 왕실의 마지막 사당이라는 점 때문에 일반에 공개되지 않고 있다. 현재 이곳을 볼 수 있는 곳은 중앙고등학교 운동장이 유일하다. 오래된 교

한국화가 배렴이 살았던 전통가옥은 현재 서화 전문 전시공간으로 운영되고 있다.

정과 현대식 운동장, 창덕궁 후원의 삼각구도가 오묘하면서도 이색적이다.

중앙고등학교 정문을 지나 직진하면 약 200미터가 안 되는 곳에 또 하나의 특별한 일제 강점기 건축물이 있다. 계동 72번지에 자리한 배렴 가옥(등록문화재 제85호)은 전통 수묵 산수화를 추구한 한국화가 배렴이 1940년대 지어서 살았던 집이다. 배렴은 청전 이상

범에게 그림을 배웠고 전통적 화풍에 따라 온화하고 유연한 필치로 산수화와 화조화를 그린 미술계의 거목이었다. 배렴 가옥은 아담한 전통 한옥 구조의 목조 기와집으로, 세 동의 건물이 'ㅁ'자형 구조를 이루고 있어 전통적인 운치가 가득하다. 서울시에서 2001년에 매입해 2017년 8월까지 게스트하우스로 운영하다가 현재는 서화 전문 전시공간으로 운영하고 있다. 배렴 가옥 마루에 걸터앉아 햇빛이 든 아늑한 정원을 바라보고 있노라면 이보다 더 좋은 힐링이 없다는 생각을 하게 된다.

서양의학이 처음 도입되었을 때

#대학로 #혜화동 #서울대학교병원 의학박물관 #대한의원 본관

마로니에 나무 세 그루가 유명한 마로니에공원, 낙산에서 바라보는 전망, 벽화 가득한 이화동 골목, 옹기종기 모인 소극장 등 혜화동은 언제나 활기와 생동감이 넘치는 곳이다.

혜화동은 사소문 가운데 하나인 혜화문에서 유래한 지명이다. 조선 시대 한양 도성으로 들어오는 출입구로는 동쪽의 흥인지문, 서쪽의 돈의문, 남쪽의 숭례문, 북쪽의 숙정문이라는 사대문이 널리 알려져 있다. 그런데 이 밖에도 사소문으로 일컬어지는 동북쪽의 혜화문, 동남쪽의 광희문, 서남쪽의 소의문, 서북쪽의 창의문이 있어 이를 팔대문이라고 했다. 사람들의 출입이 잦은 곳에 자연스레 번화가가 형성되듯, 혜화동 역시 많은 사람들이 찾는 명소로 오랫동안 사랑받아왔다.

행정구역을 엄밀히 따지면 이곳은 혜화동을 비롯해 명륜동, 연건동, 동숭동(대학로), 이화동으로 구분되지만, 이곳으로 통하는 지하철역이 '혜화역'이 되면서 전체적으로 '혜화'라는 지명으로 불린다.

하지만 이곳은 '혜화'라는 지명보다는 '대학로'라는 지명으로 우리에게 더 익숙하다. 이곳이 대학로로 불리게 된 이유는 1970년대 중반까지 서울대학교 본부와 문리과 대학 등이 자리하고 있었기 때문이다. 현재는 공연장, 미술관, 박물관 등 문화예술 관련 기관과 단

체가 모여 있어 다양한 문화 공연과 전시를 가까이서 즐기고 경험
하기에 최적인 곳이다. 혜화동에는 문화예술 공간뿐만 아니라 곳곳
에 세월을 간직한 우리의 문화유산들이 아직까지 많이 남아 있다.
혜화동을 걷는 게 즐거운 이유다. 전혀 예상치 못한 곳에서 뜻밖의
사람을 만났을 때 더욱 반갑듯이, '뜻밖'이라는 단어와 무척 잘 어
울리는 곳이 바로 혜화동이다.

혜화동으로 떠나는 특별한 건축문화 탐방

4호선 혜화역 3번 출구로 나와 이화사거리 방향으로 조금 걷다
보면 만나게 되는 서울대학교병원. 병원 정문에서 안쪽으로 조금만
더 올라가면 서울대학교병원 의학박물관이 있다. 대학로 방향으로
들어가 병원 본관 쪽만 다닌 사람이라면 의외로 이곳을 잘 모르는
경우가 많다. 이곳은 대학로보다 오히려 창경궁과 가까워 창경궁
방향 정문을 이용하는 것이 더 편하다.
서울대학교병원 의학박물관은 우리나라에서 가장 오래된 근대
병원 건물인 대한의원 본관(사적 제248호)에 위치하고 있다. 대한의

현재 서울대학교병원 의학박물관으로 사용되고 있는 옛 대한의원 본관 건물 전경(사적 제248호).

원은 1907년 대한제국 고종 황제의 칙명으로 설립된 종합병원으로, 현 서울대학교병원의 전신이라 할 수 있겠다. 대한의원은 개화기 의료 근대화를 위한 국가적 노력의 결실로, 우리나라 최초의 서양식 국립병원인 제중원의 맥을 잇고 있다.

제중원은 1885년(고종 22년)에 설립된 서양의학 병원인데, 《조선왕조실록》에는 고종이 혜민서와 활인서를 대신할 의료기관 설립이 필요하다는 의정부의 건의를 받아 설치를 허가했다고 기록되어 있다. 계기는 1년 전인 1884년 우정국 개국 축하연회에서 명성황후의 조카인 민영익이 자객의 습격으로 중상을 입은 사건이었다. 당시 일본인을 제외하면 조선에서 유일한 서양식 의사였던 호러스 알렌Horace N. Allen이 그의 치료를 맡아 완치시켜 서양의학의 우수성을 입증하자, 고종이 서양식 국립병원의 설립을 수락했다고 전한다. 설립 당시 이름은 광혜원廣惠院이었지만, 2주 만에 '대중(백성)을 구제한다'는 이름의 제중원濟衆院으로 변경했다.

우리나라 최초의 서양식 국립병원, 제중원

외부적으로 일제의 국정 간섭이 심해지고 내부적으로 조선 정부와 제중원 운영진 간의 갈등이 심해지는 등 제중원 운영에 문제가 생기자 정부는 교섭 끝에 운영권을 미국 북장로회에 이관한다. 제중원을 운영하던 미국 북장로회는 진료공간의 확장을 위해 미국인 사업가 루이스 헨리 세브란스Louis Henry Severance로부터 받은 기부금으로 지금의 연세재단 자리에 세브란스 병원을 신축하면서 제중원 건물을 조선에 반환한다. 이후 미국 북장로회는 '제중원'이라는 이름을 쓰지 않았고, 조선은 1907년 국립 의료기관 '대한의원'을 설립했다.

현재 제중원의 후신이라고 하면 연대 세브란스 병원을 떠올리는 사람도 많을 것이다. 실제로 연세의료원과 서울대학교병원이 모두 제중원의 후신이라며 정통성을 주장하고 있다. 연세의료원은 앞서 나온 내용대로, 제중원이 확장하면서 연대 세브란스 병원이 된 것이기 때문에 그 맥을 잇고 있다고 주장한다. 반면 서울대학교병원은 제중원이 국립 의료기관이고 북미 장로회에는 운영권만 빌려준 것으로, 국립이라는 측면에서 대한의원이 제중원의 정통성으로 잇고 있다고 보았다.

이러한 논쟁과는 상관없이 서울대학교병원 의학박물관은 국내에 도입된 서양의학이 발전해온 역사를 잘 보여주는 흥미로운 장소다. 1992년 서울대학교병원이 소장하고 있던 각종 의학 관련 유물과 문서들을 보존, 연구하고 전시할 목적으로 설립된 서울대학교병원 의학박물관은 현재까지 그것을 토대로 한 다양한 연구 활동과 전시가 이어지고 있다. 주요 소장품은 대한의원 개원 칙서 등 대한의원 관련 유물을 비롯해 서울대학교병원의 발자취와 한국 근현대 의료

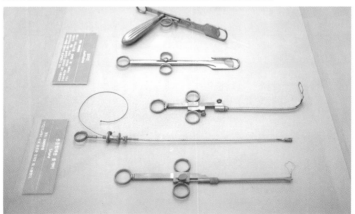

의학박물관에 전시된 100년 전 최초의 수술 풍경과 도구들.

의 역사를 보여주는 각종 자료 및 기증품이다. 이와 함께 특별전을
통해 병원과 의사 이야기를 관람객들과 공유하기도 한다.

100년이 넘는 세월을 온몸으로 느끼며 걷는 즐거움

흔히 '시계탑 건물'로 불리는 서울대학교병원 의학박물관 앞에 서
면 그 외관의 위용에 반해 감탄부터 쏟아진다. 1906년 9월 착공해
1908년 5월에 완공되었다고 하니 족히 100년이 넘는 세월을 머금고
있는 셈이다. 서울대학교병원 의학박물관 건물은 당시 조선은행 본
관(현재 한국은행 화폐박물관), 동양척식주식회사 건물(서울 을지로 2가
구 외환은행 자리)과 함께 서울의 3대 명물로 꼽혔다.

중앙의 시계탑을 중심으로 좌우 대칭의 2층 구조로, 출입구와 창
부분은 르네상스 양식의 디자인 모티브를 취하고 있다. 시계탑 상층
부는 곡선미학의 바로크 양식이 섞인 절충주의 양식으로 분류된다.

내부로 들어가기 전에 먼저 건물 외곽을 따라 난 길을 걸어보자.
건물 앞에는 지석영 선생의 동상이 자리하고 있다. 종두법의 보급
으로 우리에게 널리 알려진 지석영 선생은 1899년 이곳에 설립된

경성의학교 초대 교장 지석영 선생 동상이 건물 앞에 있다.

경성의학교의 초대 교장이다. 이 의학교는 1907년 대한의원의 설립과 함께 이곳 소속이 된다. 동상을 시작으로 건물 한 바퀴를 천천히 도는 데 걸리는 시간은 대략 10분 내외로, 조용히 걷다 보면 실험에 이용된 동물들의 영혼을 위로하기 위해 세워진 실험동물 공양탑(1922년)도 만나게 된다.

화창하고 온화한 날이라면 '제중원 뜨락'이라고 적힌 돌비석 옆 쉼터 벤치에 앉아 나른한 햇살과 살랑이는 바람을 온몸으로 느껴보는 것은 어떨까? 나무 그늘 아래서 하는 독서도 좋고, 음악을 듣는 것도 좋다. 순간, 소소한 행복이 바로 내 곁에 있음을 알게 될 것이다.

우리나라의 의료 역사를 한눈에 알 수 있는 즐거움

외관에서 받은 고풍스러운 인상은 입구로 들어가는 출입문에서도 계속된다. 마치 비밀의 문 같은 커다란 문을 열고 안으로 들어가면 외관만큼이나 멋진 박물관 내부를 마주하게 된다. 1층은 현재 사무실로 사용하고 있어 전시를 보려면 2층으로 발걸음을 옮겨야

아치형 출입문과 외관.

고풍스러운 모습을 간직한 내부.

한다. 콘크리트 건물 계단에서는 느낄 수 없는 나무 계단의 삐걱거리는 울림. 낡고 오래됨이 고결한 아름다움이 된다는 것을 느끼게 해주는 순간이다.

전시실은 자그마한 규모지만 의료 역사에 관련된 상설 전시와 해마다 특정 주제를 다룬 특별 전시로 알차게 운영되고 있다. 전시실에 배치되어 있는 대한의원 개원 기념 사진첩을 넘기다 보면 우리나라 근대 의학의 초창기 모습을 그대로 만날 수 있어 더욱 실감이 난다. 김철 박사가 모은 우리 옛 안경, 과거 의약품의 신문광고와 각종 포스터 등이 관람의 재미를 더한다.

의학박물관의 숨겨진 보물, 시계탑 전시실

서울대학교병원 의학박물관 관람의 백미라 하면 시계탑 전시실을 꼽을 수 있다. 전시실은 건물 3층에 있는데, 오르는 길이 꽤 가파르다. 이곳의 시계탑은 우리나라에 현존하는 가장 오래된 서양식 시계탑으로, 국내 유일의 기계식 대형 탑시계라는 점에서 역사적 가치가 매우 높다. 1981년 보수 공사에서 기계식 탑시계는 전자

3층 시계탑 전시실에는 당시에 사용된 기계식 탑시계가 전시되어 있다.

식 시계에 그 역할을 물려주었지만, 대신 전시실에 그대로 복원되어 2014년부터 관람객을 만나고 있다.

시계의 보존과 전시공간의 안전 문제를 고려해 전화나 현장 예약을 통해 평일 2회, 정해진 시간에 15명 내외의 인원에게만 개방되며, 박물관 직원의 안내에 따라 이동해야 한다. 과정이 번거롭게 느껴질 수도 있지만 그만큼 역사적 가치를 지닌 유물이니 찾아볼 만하다.

허물지 않고 이사한 건축물, 예술이 되다

#서울시립미술관 남서울미술관 #사당동 #남현동 #서울시립미술관 서소문본관

남부순환로와 동작대로가 만나는 서울 남쪽의 관문, 사당역 사거리 부근에 독특한 매력을 지닌 미술관이 있다.

현재 서울시립미술관SeMA의 분관이며, 과거에 벨기에 영사관으로 사용되었던 남서울미술관이 그 주인공이다. 한눈에 보아도 오랜 시간을 견뎌왔음이 느껴지는 건물은 100여 년이 넘는 유구한 역사를 간직하고 있다. 건물 자체가 미술품으로 와닿는 것은 그 덕분일까. 하지만 감상에 빠지기에는 아직 이르다. 미술관 내부를 한 바퀴 돌아보면 더욱 오묘하고 환상적인 기분에 사로잡힐 것이기 때문이다.

서울시립미술관의 분관인 남서울미술관 외관. 1977년 사적 제254호로 지정되었다.

의외의 장소에서 발견한 근대 건축물

남서울미술관의 위치를 듣는다면 '사당동에 미술관이 있다고?' 하는 생각이 먼저 든다. 주변의 상권이 발달한 사당동은 '맛집이 많은 동네' 정도로 알려져 있는 게 사실이다. 게다가 '집이 많은 곳'이라는 의미로 붙여진 이름답게 사당동舍堂洞은 지하철 2호선과 4호선이 교차하는 곳이자 서울 시내와 외곽을 잇는 다양한 버스 노선이 지나는 곳이어서 서울 남부권의 최대 교통 요지로 꼽혀왔다. 당연히 유동인구가 많고 복잡할 수밖에 없다.

그런데 사당역 6번 출구에서 나와 1~2분 정도 걸으면 많은 건물들 사이에서 시선을 한눈에 사로잡는 건축물이 나타난다(행정구역상 정확한 위치는 남현동이다). 커다란 은행나무가 양쪽으로 서 있는 대문의 안쪽에는 아늑한 잔디 정원과 울창한 조경수들에 둘러싸인 아름답고 고풍스러운 건물이 자리하고 있다. 붉은 벽돌로 견고하게 지어진 2층 규모의 건물이 직사각형의 빌딩들 사이에 조용히 자리를 지키고 있는 모습이 어딘가 묘한 느낌을 준다.

미술관에 들어가기에 앞서 정원에 있는 벤치에 앉아 잠시 눈앞에 펼쳐진 풍경을 감상해보는 것도 좋다. 정문을 경계로 현실과 비현

오가는 사람들에게 언제나 휴식 같은 공간이 되어주는 서울시립미술관 남서울미술관.

서울시립 남서울미술관은 1905년 벨기에 영사관으로 회현동에 건축되었다.

실, 현재와 과거가 마주하고 있는 듯, 마치 그 순간 시공간을 뛰어넘는 듯한 묘한 기분에 사로잡히고 만다.

뛰어난 건축미, 관람객의 마음을 사로잡다

서울시립 남서울미술관은 100년이 넘는 시간 동안 대한제국의 탄생과 일제 강점기, 광복 등 질곡의 근현대사에서 살아남은 건축물이다. 1901년 벨기에와 수호통상조약이 체결된 뒤 벨기에 영사관 건물로 중구 회현동의 현재 우리은행 본점 사옥 자리에 건축되었다. 일본 건축가 고다마가 설계한 이 건물은 지하 1층, 지상 2층으로, 붉은 벽돌과 화강암을 사용해 지어졌으며, 1905년에 완공되었다. 1919년 벨기에 영사관이 충무로로 이전한 뒤에는 일본 요코하마 생명보험회사 사옥, 일본 해군성 무관부 관저로 쓰이다가 해방 후 해군 헌병대로 사용되는 등 시대에 따라 용도가 바뀌며 파란만장한 역사와 함께했다. 그러다 1970년 도심재개발로 인해 지금의 자리로 옮겨졌다.

1970년 우리은행의 전신인 상업은행이 이 건물을 사들여 그 자리에 사옥을 짓고자 지금의 남현동 자리로 이축했다. 이후 상업은행 사료관으로 사용하다가 2004년부터 서울시에 무상 임대해 현재의 서울시립미술관 남서울미술관으로 일반 관람객을 맞고 있다.

서울시립 남서울미술관은 1900년대 신고전주의 건축의 매력을 한껏 만끽할 수 있는 곳이다. 그간 우여곡절의 시간을 겪었지만, 큰 훼손 없이 역사의 흔적을 고스란히 간직하고 있다는 사실에 안도감마저 느껴진다.

전면의 화강암과 붉은 벽돌이 발코니의 석주와 조화를 이루면서 풍기는 단아함이 특히 인상적이다. 석주는 고대 그리스 건축 양식의 하나인 이오니아 양식으로 되어 있어 고전적인 느낌이 물씬 풍긴다. 석주의 위아래에는 정교한 무늬가 새겨져 있다.

남서울미술관이 건축될 당시에는 대부분의 건물들이 좌우 대칭의 구조로 지어지는 경향이 있었는데, 이 건물은 좌우가 약간 다른 비대칭 구조를 이루고 있는 점도 특징이다. 이 건축물은 역사적 가치를 인정받아 1977년 사적 제254호로 지정되었다.

공간과 작품이 하나의 예술이 되는
경이로움과 마주하다

미술관의 외관만큼이나 내부 역시 매력적이다. 마치 오래된 공간과 이곳에 전시된 작품들이 어우러져 하나의 예술이 되는 장면을 마주하는 느낌이다.

처음 지어졌을 때는 꽤나 화려했을 법한 내부 공간이 현재는 형태만 유지된 채 대부분 하얗게 칠해져 있다. 벽난로와 벽면 장식, 기둥 등 일부 실내의 구조물을 통해 화려했을 과거의 영사관 모습을 상상해본다. 다만 계단 난간의 장식, 천장의 장식, 샹들리에 등이 20세기 초 건축물의 흔적을 여전히 담아내고 있어 그 시절 우리나라 건축 양식의 역사를 엿볼 수 있다. 이러한 장식들은 미술관 내부에 고풍스럽고 우아한 분위기를 더해준다.

2층으로 올라가는 계단은 그동안 이곳을 지났을 수많은 사람들의 발자취를 느낄 수 있을 만큼 닳아 있고, 마룻바닥은 삐걱삐걱 클래식한 소리를 내며 건물의 나이와 지나온 시간을 알려준다. 르네상스 양식의 커다란 창문들도 무척 인상적이다. 창으로 보이는 미술관 정원의 풍경을 감상하는 것도 즐거운 경험이다.

미술관 내부의 고풍스러운 아름다움을 더해주는 디테일한 요소들.

미술관이 된 또 다른 근대 건축물,
서울시립미술관 서소문본관

　서울시립미술관은 남서울미술관 외에도 서소문본관, 북서울미술관, 백남준기념관, 난지미술창작스튜디오 등 시민들이 미술에 더 쉽게 접근하고 체험할 수 있는 공간을 운영하고 있다. 그 가운데서도 굵직한 전시가 많이 열리는 서소문본관은 남서울미술관과 함께 살펴보면 좋은 건축물이다. 이 건축물 역시 우리나라의 대표적 근대 건축물 중 하나이기 때문이다.

　덕수궁 정문인 대한문을 지나 정동길로 접어들면, 왼편으로 오래된 수목과 꽃들이 어우러진 아름다운 정원이 시선을 사로잡는다. 정원의 경사진 언덕길을 따라 오르면 만날 수 있는 곳이 바로 서울시립미술관 서소문본관이다.

　이 건물은 일제 강점기인 1928년 일본이 경성재판소로 건립한 근대 건축물이다. 본래 이 자리에는 1895년에 세워진 조선 최초의 재판소인 평리원(한성재판소)이 있었지만, 평리원이 공평동으로 이전하면서 경성재판소가 세워졌다. 일제가 국가의 삼권 중 하나인 사법권을 빼앗은 상징이라는 점에서 우리에게는 아픈 역사를 상기시키

서울시립미술관 서소문본관 전
면 현관부에 돌출되어 있는 세
개의 아치문.

기도 한다.

　일제 강점기의 관청 건물들은 광복 후에도 유사한 용도의 대한민
국 정부 부처 건물로 많이 쓰였는데 이 건물 역시 대한민국의 대법
원으로 오랫동안 사용되었다. 1995년 대법원을 서초동으로 옮긴 뒤
1999년부터 2002년까지 전면부facade: 파사드를 제외한 뒤쪽으로 3층
의 현대식 건물을 새롭게 건축해 서울시립미술관으로 사용하게 되
었다. 현대식 건물로 증축한 이유는 용도 변경을 위해 공사하는 중
에 구조적으로 약화된 부분이 드러났기 때문이다. 전면 현관부에
는 앞쪽으로 돌출되어 나온 세 개의 아치문이 있고, 좌우 측면에도
하나씩 아치문이 나 있다.

　서울시립미술관은 과거 대법원 청사의 상징성을 가지며 건축적·
역사적 가치가 있다고 평가되어 2006년 3월 등록문화재 제237호로
지정되었다. 재미있는 것은 미술관 전체 건물 중 전면 현관부만 원형
대로 남아 있어 이 부분만 문화재로 등록했다는 점이다.

왕족에서 평민으로, 그리고 홀로…

#정순왕후 #단종 #정업원 터 #낙산공원 #숭인재 #영도교 #사릉 #장릉

홍인지문 일대는 '동대문'이라는 지명으로 널리 통용되는 서울의 중심지이지만, 조선 시대에는 도읍인 한양으로 들어오는 동쪽 관문인 홍인지문을 기점으로 한양의 안과 밖을 나누는 경계구역이었다. 그 홍인지문의 바깥쪽, 서울 종로구 숭인동 일대에는 조선왕조 500년 역사에서 가장 비극적인 드라마의 주인공이라 해도 과언이 아닌 단종과 그의 부인 정순왕후에 대한 애절한 사연이 깃든 장소가 있다.

왕비에서 관비로 전락한 것도 모자라 젊은 나이에 남편까지 잃고, 남은 60여 년의 생을 홀로 조용히 살다 간 정순왕후의 단종애사가 스민 곳들이다.

정순왕후가 단종을 그리워하며 평생을 살았던 곳

정순왕후는 열다섯 살의 어린 나이에 단종의 정비가 되었다가 열여덟에 단종과 이별하고, 중전에서 부인으로 강등되어 평생을 혼자 살아가야 했던 불운한 인물이다. 단종은 숙부인 수양대군에게 왕위를 물려주고도 복위 사건으로 인해 영월로 유배되어 1457년(세

조 3년), 끝내 억울한 죽음을 당한다. 조선의 한 임금이 비운의 생을
마감하고, 그의 부인이 한 많은 세월을 살다 간 이야기는 우리 역
사 속에 긴 그림자를 드리운다.

정순왕후 유적지는 지하철 6호선 창신역 4번 출구에서 시작한
다. 빽빽이 들어선 오래된 가옥들 사이를 걸어 큰길로 접어들 때쯤
정업원 터가 나타난다. 왕권을 빼앗은 뒤 세조는 정순왕후에게 도
성 안에 거처를 제공해주겠다고 했지만, 왕후는 동대문 밖 동쪽을
바라볼 수 있는 곳에서 살기를 원했다. 세조가 이곳에 집을 짓도록
허락해주어 정순왕후는 이후 시녀 세 명과 함께 이곳에서 66년을
살다 한 많은 인생을 마감한다. 세월이 흘러 1546년(명종 4년)에 문
정왕후가 선왕의 후궁들을 위해 현재의 청룡사 자리에 정업원을 세
우면서 이곳이 정업원 터로 불리게 되었다. 정업원은 고려와 조선
때 궁중의 여인들이 궁궐을 나와 살거나 양반 집안 여인들이 비구
니로 출가했을 때 거처하도록 마련된 처소다.

정업원 터의 입구는 굳게 잠겨 있는데, 안쪽으로 들어가려면 청
룡사를 통해야만 가능하다. 훗날 조선 21대 임금 영조가 이곳에서
정순왕후가 살았던 사실을 알고 1771년(영조 47년)에 정업원구기淨
業院舊基라는 비석을 세워 표지로 삼도록 했다. 비석에는 '정업원 옛

정업원 터 전경. 안으로 들어가려면 청룡사를 통해야 한다. 정업원 터는 1972년 서울시 유형문화재 제5호로 지정되었다(좌). 정순왕후 사후 약 250년 뒤 영조가 이곳에 정순왕후를 기리는 비석을 세웠으며, 비각의 현판을 친필로 남겼다(우).

터 신묘년 9월 6일에 눈물을 머금고 쓰다(淨業院舊基歲辛卯九月六日飮涕書)'라고 적혀 있으며, 비각 현판에는 '앞산의 봉우리 뒤 언덕 바위여, 천만년이나 영원하리라(前峯後巖於千萬年)'라고 쓴 영조의 친필이 있다. 팔작지붕을 한 비각을 바라보며 열여덟 시절부터 이곳에서 쓸쓸하게 살았을 정순왕후를 떠올려본다.

동망봉에서 매일 이별하다

단종은 영월로 유배를 떠나기 전, 청룡사 우화루에서 정순왕후와 마지막 밤을 보냈다고 한다. 이제 헤어지면 언제 다시 만날지 기약조차 없었으니, 아마도 정순왕후는 이곳에서 밤새 하염없이 눈물을 흘렸으리라.

청룡사는 922년 고려 태조 시절 도선국사의 유언에 따라 태조 왕건이 어명을 내려 창건한 절이다. 고요하고 아담한 공간에는 대웅전, 우화루, 심검당, 명부전, 산령각 등이 들어서 있다. 도심 속에 이렇게 고즈넉한 절이 있다는 점이 놀랍다. 훗날 정순왕후가 이곳에서 출가해 비구니가 되었다는 이야기가 전해지기도 하지만 검증된 사실은 아니다.

청룡사에서 언덕길을 조금 더 오르면 이색적인 풍경이 나타난다. 동망봉으로 오르는 언덕 왼편으로는 고층 아파트가 들어서 있고, 오른편으로는 오래된 단층 건물들이 빼곡하게 붙어 있다. 2018년과 1970~80년대의 모습이 한자리에 섞여 있는 듯한 느낌이 다소 낯설게 다가온다. 조금 더 걸으니 정순왕후가 매일 올라 단종이 있는 강원도 영월 방향을 바라보며 남편의 안녕과 명복을 빌었다는 동망

단종과 정순왕후가 마지막 밤을 보냈던 우화루.

봉이 나온다. 현재 동망봉은 인근 주민들이 산책하고 운동도 할 수 있는 숭인근린공원으로 꾸며져 있다. 1771년에 영조가 '동망봉東望峰'이란 글을 이곳 바위에 새기도록 했지만, 일제 강점기에 채석장으로 쓰이면서 그 글씨는 흔적도 없이 사라지고 말았다.

공원 입구로 들어서면 오른쪽에 '동망봉 터'였음을 알리는 표지석이 보인다. 안쪽으로 조금 더 들어가면 드디어 '동망정'이라는 이름의 정자를 만날 수 있다. 이곳은 정순왕후를 기리기 위해 훗날 지어진 것이라고 한다. 동망정에 서면 이제는 동대문 일대의 빽빽한 풍경만이 시야에 들어올 뿐이다.

단종과 영영 이별한 슬픔의 다리

동망봉의 반대편, 청룡사에서 동묘 쪽으로 내려와 청계천으로 향하면 단종과 정순왕후의 마지막 이별 장소인 영도교에 다다른다. 이 다리는 단종이 영월로 귀양을 떠날 때 정순왕후가 배웅을 나와 이별한 곳이다. 이후 두 사람은 다시는 만나지 못하고 영영 이별했다고 해 영이별다리, 영영건넌다리 등으로 불렸다. 2005년 청계천을 복원할 때 지금의 새로운 다리가 개설되면서 '영도교永渡橋'라는 이름이 붙여졌다.

귀양 가는 단종과 정순왕후가 이별한 다리, 영도교.

500년도 훨씬 지난 단종과 정순왕후의 슬픈 이야기가 있는 곳. 이곳을 지나는 수많은 사람들은 그 사연을 알고 있을까. 영도교 위에서 장사를 하고 있는 많은 이들은 그저 분주해 보인다. 단종과 정순왕후의 슬픈 사연을 떠올리기가 무색할 정도로, 오늘을 살아가는 우리의 시간은 너무 빠르고 복잡하게만 느껴진다.

곳곳에 묻어 있는 정순왕후의 이야기

종로 일대는 풍물거리시장이 유명하다. 옷, 신발, 가방, 골동품, 가전제품 등 없는 것이 없는 서울의 대표적인 벼룩시장이다.

주말에는 물건을 사려는 사람과 팔려는 사람이 인산인해를 이룬다. 조선 시대에는 이 벼룩시장에서 청계천으로 가는 길목에 여인시장이 있었다. 부녀자들이 주로 채소를 사고팔던 시장으로, 남자들은 출입할 수 없었다고 한다. 이곳 시장의 여인들이 관비로 전락해 어렵게 살고 있던 정순왕후를 물심양면으로 도와주었다는 이야기가 오늘날까지 전해지고 있다.

한편 숭인근린공원 안에는 정순왕후의 지난했던 삶을 기리는 '숭인재'가 자리하고 있다. 이곳은 인근 지역 주민들을 위한 쉼터로도 사용되고 있다. 숭인재란, 숭인근린공원의 '숭인崇仁'에 왕실가족이나 유서 깊은 양반가문이 사용하는 건물에 붙이는 '재齋'를 더해 만든 이름이다. 지상 1층은 주민 커뮤니티 공간인 어울림쉼터와 정순왕후 기념공간으로 꾸며져 있다. 이곳에서 정순왕후의 일생을 살펴볼 수 있다.

낙산 정상 아래에는 정순왕후의 또 다른 유적지인 자주동샘이 있다. 정순왕후가 비단을 빨면 자주색 물이 들었다는 전설이 어린 샘이다. 정순왕후는 생계를 위해 제용감에서 심부름하던 시녀의 염색 일을 도와 댕기, 저고리, 깃, 고름 등에 물을 들이는 염색작업을 하면서 여생을 살았다. 제용감은 각종 옷감의 채색, 염색, 직조 등을 관리하던 관아였다. 그녀가 자주동샘을 자주 찾은 건 그 때문이었다. 지금은 이곳에서 물줄기를 찾아볼 수 없다.

자주동샘 앞에는 '비우당庇雨堂'이라는 초가집이 있다. '비를 가리는 집'이라는 뜻의 이 집은 조선 시대 실학자인 지봉 이수광이 살던 곳이다. 원래 비우당은 창신동 쌍용2차아파트 자리에 있었다고 하는데, 서울시에서 낙산공원을 조성하면서 이곳에 옮겨 복원했다고 한다. 관련이 없는 서로 다른 유적지가 한 공간에서 자리하고 있는

지봉 이수광이 살던 집 비우당은 '겨우 비만 가릴 수 있는 집'이라는 뜻이다 (좌). 이수광의 집 오른쪽으로 자주동샘이 보인다. 이곳은 정순왕후가 비단을 빨면 자주색 물이 들었다는 전설이 어려 있다(우).

모습이 왠지 모르게 낯설고 이질적이다. 정순왕후의 슬픔이 서려 있는 자주동샘이 초가집에 가려져 있는 듯해 안타까운 마음이 더해진다.

정업원 터에서 영도교까지 둘러본 후 동대문 성곽공원을 올라보자. 조금만 올라가도 흥인지문과 도시 풍경이 한눈에 내려다보인다. 호젓하고 운치 있는 성곽길은 정비가 잘 되어 있어 걷기에도 편하다. 한참을 걷다가 성곽 바깥을 바라보니 산자락에 비슷한 모양의 집들이 옹기종기 모여 있는 모습이 아름다워 잠시 시선을 빼앗긴다. 성곽을 오르는 중에 만날 수 있는 이화동 벽화마을이다.

성곽길 정상에 자리한 낙산공원에 오르면 풍경은 더욱 근사해진다. 서울 성곽의 고풍스러운 모습을 담을 수 있을 뿐 아니라 시야에 막히는 건물이 없어 서울 시내를 한눈에 내려다볼 수 있기 때문이다. 저녁에 오르면 성벽을 따라 설치된 조명으로 인해 새로운 모습으로 변신한 성곽을 볼 수 있고, 서울의 야경 역시 장관을 이룬다.

정상에서 숭인동 일대를 걸으며 내내 마주했던, 한평생 쓸쓸했을 한 여인을 떠올려본다. 그리고 그녀가 가슴에 품었을 그리움에 대해 잠시 생각해본다.

단종을 그리워해 동쪽으로 굽은 소나무의 전설

단종과 정순왕후는 죽어서도 만나지 못하고 서로 다른 곳에 묻혔다. 정순왕후는 남양주의 사릉에 모셔졌다. 사릉은 '평생 단종을 생각하며 밤낮으로 공경함이 바르다'는 뜻을 담고 있다. 비공개 왕릉에 속했지만 2013년부터 개방되어 아름다운 소나무 숲을 비롯해 계절별로 피어나는 야생화들을 볼 수 있게 되었다. 특히 능 주변에 무성한 소나무가 단종에 대한 그리움으로 동쪽의 장릉을 향해 있다는 전설이 있어 눈길이 간다. 무덤은 병풍석과 난간석을 하지 않았고, 무덤 앞에 상석과 양석, 둘레돌이 있으며 그 밖으로 3면을 낮은 담으로 쌓았다.

동대문 성곽공원은 정비가 잘 되어 있어 산책하기에 불편함이 없다.

한편 단종의 묘인 장릉은 왕릉으로 정비되기까지 우여곡절이 있었다. 세조에게 왕위를 빼앗기고 노산군으로 강봉된 단종이 영월에서 죽음을 당하자 후환을 두려워해 아무도 그 시신을 거두지 않았는데, 영월의 호장戸長 엄흥도가 시신을 몰래 수습해 동을지산 자락에 묻었다. 약 60년 후 1516년에 중종이 단종의 묘를 찾으라고 지시한 뒤 이 무덤을 발견해 묘역을 정비했다. 이후 1580년(선조 13년)에 무덤 앞에 상석, 표석, 장명등, 망주석을 세웠으며 1689년 숙종에 이르러 단종이라는 묘표를 올리며 신위가 종묘에 모셔졌고, '장릉'이라는 이름이 붙게 되었다. 노산군으로 격하되었던 신분 역시 단종으로 복위되며, 왕릉을 이장하기 위해 자리를 살폈으나 지금의 자리가 천하의 명당이었기에 이장하지 않고 묘제만 고쳤다고 전해진다.

장릉 앞에는 정령송精靈松이라는 소나무가 있다. 단종을 그리워하는 전설의 소나무를 1999년 남양주의 사릉에서 옮겨온 것으로, 사후에나마 정순왕후와 단종을 이어주는 나무가 되었다.

화려함 뒤에 감춰진 처연한 왕의 길

서울은 과거 왕의 도시였다.
왕은 당시 백성들에게는 감히 쳐다볼 수도 없는 고귀한 존재였지만,
역사책에서 살펴보자면 '주인공'에 해당되기 때문에 현대인들에게는 친근감이 느껴진다.
특히 그들의 화려한 삶 뒤에는 슬퍼하고 고뇌하고 분노하고 사랑도 했던
인간적인 면모가 숨어 있기에 더욱 그렇다.
왕의 삶을 살펴본다는 건 역사 자체를 살펴본다는 것과 같은데,
그중에서도 우리는 특히 그들의 인간적인 면모를 살펴보는 산책을 할 것이다.

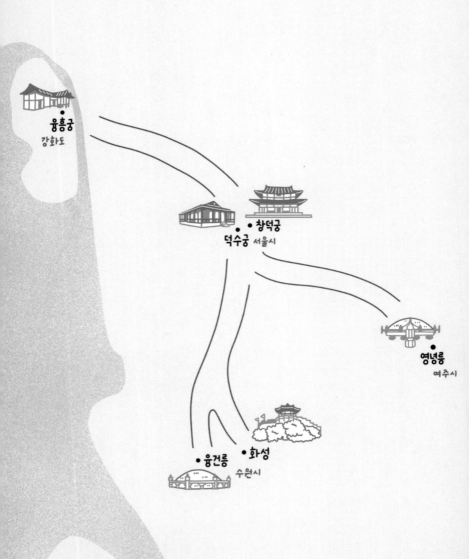

용흥궁
강화도

덕수궁
창덕궁
서울시

영녕릉
여주시

융건릉
화성
수원시

창덕궁에서 융릉까지, 가장 화려한 왕의 참배길

#사도세자 #정조 #창덕궁 #용양봉저정 #만안교 #수원 화성 #융건릉

권력의 정점에 선 할아버지, 총명한 아버지와 인자한 어머니, 모든 것이 풍족한 가족에서 태어난 소년. 아무것도 부족할 것 없을 듯했던 그의 인생에 갑자기 비극이 닥친다. 열한 살 나이에 할아버지에 의해 아버지를 잃은 것이다. 그 비극을 항상 마음에 품고 성인이 된 소년은, 아버지를 잃고 33년을 홀로 살아온 어머니의 환갑날 세상에서 가장 성대한 행렬을 이끌고 아버지의 무덤을 찾는다.

겉으로 보기에는 화려하지만, 그 속에 담긴 이야기를 듣고 나면 수백 년이 지난 지금도 그 행렬에 가슴이 먹먹해질 것 같다.

1795년 윤2월 9일부터 16일까지 8일간 정조는 능행차에 나섰다. 서울 창덕궁을 출발해서 수원 화성을 거쳐 정조의 아버지 사도세자가 있는 화성 융릉까지의 참배길로, 그 길이만 무려 59.2킬로미터에 달하는 조선 최대 규모의 왕실 행렬이었다. 1795년은 정조가 왕위에 오른 지 20년이 되는 해였다. 정조는 화성 행차를 통해 효심을 보여주고 왕권을 강화하는 한편, 개혁정치를 통해 새로운 나라를 건설하려는 의지를 펼쳐 보이려 했다. 그 길에서 정조는 백성을 만났고 그들이 사는 모습을 살폈다고 한다. 정조가 갔던 길, 정조가 머물렀던 공간, 정조의 꿈을 향해 걸어보자.

정조가 가장 사랑한 산책길

복잡한 서울 도심 속에는 서울 5대 고궁 중 유일하게 유네스코 세계문화유산에 등재된 창덕궁이 있다. 창덕궁은 1405년(태종 5년) 경복궁의 이궁離宮으로 창건되었다. 전염병이나 화재 등에 대비해 만든 것이 이궁인데, 1592년 임진왜란 때 창덕궁은 정궁正宮인 경복궁과 함께 잿더미로 변한다. 창덕궁은 이후 광해군 때 가장 먼저 복원되면서 1868년 고종이 경복궁을 중건할 때까지 조선왕조의 정궁역할을 했다. 조선왕조와 가장 오랜 시간을 함께한 궁궐인 셈이다.

창덕궁은 돈화문에서 시작된다. 돈화문은 우리나라에 남아 있는 궁궐 정문으로는 가장 오래되었다. 돈화문으로 들어가 600년 역사를 품은 금천교를 지나면 임금이 신하들의 조하朝賀:경축일에 신하들이 조정에 나아가 임금에게 하례하던 일를 받던 인정전, 임금이 집무를 했던 선정전, 국왕 부부의 침실인 대조전과 임금의 침전인 희정당이 그 모습을 드러낸다. 담으로 둘러싸여 문을 넘어갈 때마다 각각 아름다움을 자랑하는 건물들의 자태를 둘러보는 일은 기대 이상의 즐거움을 준다.

창덕궁의 백미는 정조대왕의 역사가 살아 숨 쉬는 후원을 둘러보

정조가 신하들의 조하를 받던 창덕궁의 정전 인정전.

는 일이다. 후원은 굴곡진 지형을 그대로 살리면서 골짜기마다 정
원을 만들어 아름다움을 자아내는 곳이다. 오솔길을 조금 걷다 보
면 한 폭의 그림 같은 연못 부용지와 마주한다. 부용지 왼편에는
두 기둥을 연못에 담그고 있는 부용정이 있다. 건물의 절반이 물
위에 있는 정자가 묘한 정취를 불러일으킨다. 언덕 위에서 지붕을

기둥 두 개를 연못에 담그고 있는 정자가 연못가에 핀 연꽃을 닮았다고 해서 부용정이라 불렸다.

내려다보면 마치 연못가에 활짝 핀 연꽃과 닮았다고 해서 붙여진 이름이다. 정조는 부용정을 가장 사랑했다. 그래서 이곳에 앉아 풍경과 낚시를 즐기고 신하들과 시를 지었다고 전해진다.

부용정의 오른편에는 과거를 보거나 국왕의 연회 장소로 쓰였던 영화당이 있다. 영화당에서 바라보는 부용지는 또 다른 아름다움을 느끼기에 충분하다. 부용정 너머로 보이는 2층 건물의 1층에는 규장각이 자리하고 있다. 조선 초기 세종이 창설했던 학술 연구기관인 집현전을 본받아 정조는 즉위하던 해인 1776년 후원에 규장각을 짓도록 명령했다. 정조의 원대한 꿈이 시작된 곳이라 생각하니 한 번 더 눈길이 간다.

후원의 아름다운 전각과 연못을 감상하노라면 시간 가는 줄을 모른다. 권력을 가졌지만 고독했을 왕들에게 후원은 요즘 말로 '힐링'의 공간이었을 것이다. '워커홀릭'으로 유명했던 정조 역시 이곳 부용정에서만은 휴식에 빠져들지 않았을까?

창덕궁 후원은 본래 왕족들만 출입할 수 있는 공간이었다. 현재도 후원 보존을 위해 관람객들의 출입을 제한한다. 약 90여 분 동안 진행되는 '해설사와 함께하는 투어'를 신청해야 돌아볼 수 있다. 관람 희망일 6일 전 오후 10시부터 관람 희망일 전날까지 선착순으로 예약을 받는다.

창덕궁을 봄에 방문할 계획이라면 낙선재를 들러보자. 4월 초순부터 중순까지는 매화, 4월 하순부터 5월 중순까지는 병아리꽃, 5월에는 모란과 감꽃 등이 아름답게 피어난다.

능행차 여정에 만나는 용양봉저정과 만안교

이제부터 창덕궁을 출발해 본격적인 능행차길에 나서보자. 창덕궁을 출발한 정조의 능행차 행렬은 다리가 없던 시절, 넓은 한강을 건너기 위해 배다리를 놓았다. 대규모 인원이 건너느라 시간이 너무 오래 걸렸기 때문에 먼저 건넌 인원은 휴식이 필요했다. 이곳이 동작구 본동 나지막한 언덕에 위치한 용양봉저정龍驤鳳翥亭으로, 정조가 능행차를 할 때 휴식을 취하고 점심식사를 할 수 있게 지어진 주정소晝停所다. 정조는 이곳에서 주위를 살펴본 후 "북쪽의 우뚝한 산과 흘러드는 한강의 모습이 마치 용이 굼틀굼틀하고 봉이 나는 것 같아, 억만년 가는 국가의 기반을 의미하는 듯하다"는 의미로 '용양봉저'로 이름 지었다고 전해진다.

계단을 오르자 정자 하나가 덩그러니 놓여 있다. 건축 당시에는 정문과 누정, 배다리를 관장하던 관아 건물들이 몇 채 더 있었지만 지금은 모두 없어지고 용양봉저정 하나만 남아 있다. 용양봉저정의 건물은 정면 6칸, 측면 2칸이며 내부는 마루와 온돌방으로 꾸며졌다. 현재 내부에는 정조의 능행 반차도가 그려져 있다. 정조는 재위 24년간 18번이나 능행차를 했다. 특히 1795년 능행차 때는 2,000여

용양봉저정의 건물은 정면 6칸, 측면 2칸으로 내부는 마루와 온돌방으로 꾸며져 있으며, 내부에는 능행 반차도가 그려져 있다.

무지개 모양의 수문 7개를 가진 만안교.

명의 인원에 800필의 말이 동원되었다고 하니 그 노정이 얼마나 대단했을지 짐작이 간다. 능행 반차도가 그 어마어마한 노정을 그대로 재현하고 있었다. 정조는 이곳에서 휴식을 취하며 시원하게 펼쳐진 한강을 보았을 테지만, 지금은 다리와 아파트 등의 고층건물에 가려 한강이 잘 보이지는 않는다.

안양시 석수동에는 안양천으로 흘러 들어가는 삼막천이 있다. 그 위에 위치한, 그림처럼 예쁜 무지개 모양의 수문 일곱 개를 가진 돌다리의 이름은 '만안교'다. 정조가 서울에서 수원으로 가기 위해서는 용산, 노량진, 동작, 과천을 통하는 것이 가장 빠른 길이었지만, 남태령 고갯길이 좁고 험난해 어려움이 많았다. 그래서 수원으로 가는 다른 길을 찾다가 한강을 건넌 후 시흥과 안양을 거쳐 수원으로 들어가는 길을 택하게 되었고, 이때 만안교를 만들었다. '만년 동안 백성들이 편안하게 이용할 수 있는 다리'라는 뜻의 이름을 정조가 직접 지었다. 왕이 행차할 때를 제외하고는 백성들도 편리하게 이용하도록 했다고 하니 정조대왕의 따뜻한 마음이 담겨 있는 다리라 할 수 있겠다. 길이가 약 30미터, 폭이 8미터나 되는 이 다리는 오가는 사람들이 서로 부딪히지 않을 만큼 그 품 또한 넉넉하다.

화성 성곽을 따라 걷다 보면 만나는 숨은 비경들

정조는 사도세자의 묘소를 수원 화산으로 옮기면서 화성을 쌓기 시작했다. 정조의 효심과 개혁의 꿈이 담겨 있는 수원 화성은 축성 당시의 원형을 그대로 보여주고 있어 1997년 창덕궁과 함께 일찌감치 유네스코 세계문화유산에 선정되었다.

수원 화성은 자연 속에 녹아들어 그 자체로도 편안한 아름다움을 선사한다. 어디를 먼저 둘러보겠노라고 마음먹을 필요도 없이 어떤 곳에서든 그저 천천히 성곽을 따라 걸으며 감상하면 된다. 발길이 닿는 곳마다 정조의 원대한 꿈을 느끼면서 말이다. 성의 둘레는 5,744미터에 이르며, 북문이자 정문인 장안문에서 서쪽으로 돌

자연 속에 녹아든 수원 화성의 성곽을 따라 천천히 걸으며 둘러보자.

게 된다면 팔달산을 따라 이어진 성곽을 둘러볼 수 있다. 오르막길
이 조금 힘든데, 팔달산 정상에 이르면 군사들을 지휘했던 서장대
에서 잠시 쉬어가는 것도 좋겠다. 이곳에 걸린 '화성장대'라는 편액
은 정조가 직접 쓴 것으로, 1795년의 능행차에서는 융릉 참배를 마
친 정조가 이곳에서 군사 훈련을 지휘했다고도 알려져 있다. 정상
에서 다시 남쪽으로 내려오면 남문인 팔달문에 이르러 수원의 번화

한 시가지와 마주하게 된다.

팔달문에서 약 500미터를 걸어가면 정조가 이곳에 올 때 머물던 행궁을 만날 수 있다. 행궁의 정문인 신풍루를 통과하면 봉수당을 만난다. 이곳에서 정조의 어머니 혜경궁 홍씨의 진찬연이 열렸다. 봉수당에서 나와 오른편으로 발길을 돌리면 고풍스럽기 그지없는 낙남헌이 자리하고 있다. 왕의 집무실이자 과거시험이나 잔치 등의 행사가 열렸던 공간으로, 일제 강점기에 화성 행궁이 철거되었을 때 훼손되지 않아 유일하게 원형을 간직한 건물이다.

다시 남문인 팔달문에서 시작해 이번에는 동쪽으로 화성을 돌게 되면 완만하게 산책하기 좋은 성곽을 따라 장안문에 도달할 수 있다. 수원 화성에서 단연 돋보이는 곳은 바로 이 코스에 있는 동북 각루다. 1794년(정조18년)에 완공된 동북각루는 주변을 감시하고 군사를 지휘하는 지휘소 기능과 함께, 휴식과 풍류가 깃든 정자의 기능을 했다. 하지만 시간이 흐르면서 성곽 바깥의 용연龍淵과 용머리 바위, 그리고 성곽 주위의 버드나무가 어우러져 각루로서의 군사적 기능보다는 호화로운 운치를 풍기는 정자로서의 기능이 더욱 돋보이게 되었다. 그런 이유로 동북각루는 '꽃을 찾고 버들을 따라 노닌다'는 뜻을 지닌 방화수류정訪花隨柳亭으로도 불린다. 동북각루에서

일제 강점기에 훼손되지 않아 화성 행궁에서 유일하게 원형을 간직한 낙남루.

용연을 내려다보고 있노라면 신선이 부럽지 않다. 다른 성곽에서는 보기 힘든 독창적인 건축물로 사랑받는 동북각루는 이곳까지 쉼 없이 걸어온 이들에게 꿈같은 휴식을 안겨준다.

정조의 발자취 따라 수원 골목 여행

화성 주변에서는 한눈에 보기에도 관광이 목적인 예스럽게 생긴 열차를 종종 볼 수 있다. 수원시에서 운영하는 '화성어차'로, 화성의 주요 시설을 모두 돌아볼 수 있는 관광 열차다. 화성 행궁에서 출발하는 노선과 연무대에서 출발하는 노선이 있으며, 연무대, 화홍문, 화서문, 장안문, 화성 행궁, 팔달문, 수원화성박물관 등을 경유한다. 이 열차는 순종이 타던 자동차와 조선 시대 국왕의 가마를 모티브로 제작했다니, 왕이 된 느낌으로 한번 타보는 것도 재미있을 듯하다.

정조의 자취를 따라가는 또 다른 산책 코스로 수원 행궁동에 위치한 '왕의 골목'이 있다. 역사의 흔적과 문화유적을 둘러보며 걷는 이 길은 테마별로 세 가지 코스로 나뉘며, 코스마다 한 시간 남짓 걸린다. 어느 코스든 출발점과 도착점은 화성 행궁이다. '이야기가 있는 옛길'을 따라 안쪽으로 들어가면 제기차기와 말뚝박기 벽화가 있고, 바닥에는 사방치기 그림이 있어 재미있는 사진도 찍을 수 있다.

화성 행궁과 수원화성박물관 사이로 흐르는 수원천을 중심으로 300미터 구간에 조성된 통닭거리는 수십 년간 자리를 지켜온 가게들이 대부분이다. 현재 10여 곳의 통닭집이 성업 중이며, 주말이나 저녁 무렵에는 '치맥'을 즐기려는 이들로 북적거린다. 통닭거리가 조성된 것은 1970년대부터인데, 처음 문을 연 매향통닭을 시작으로 치킨집이 하나둘 늘어나면서 40년이 넘는 긴 역사를 이어왔다. 대부분의 치킨집에서는 커다란 가마솥에 생닭을 넣고 튀거내는 방식을 고수하고 있는데, 이 때문에 오래된 단골에 더해 전통의 맛을 찾아 방문하는 사람들의 발길이 끊이지 않는다.

호젓한 숲길 사이로 부는 바람,
영혼은 맑아지고 마음은 경건해지는 융건릉

화성시 안녕동에 위치한 융건릉은 스물여덟 젊은 나이에 뒤주에 갇혀 요절한 사도세자와 그의 아들 정조가 잠들어 있는 곳이다. 융릉은 추존왕 장조(사도세자)와 비 헌경왕후(혜경궁) 홍씨를, 건릉은 정조와 비 효의왕후 김씨를 합장한 능이다. 2007년 조선왕릉이 유네스코 세계문화유산으로 지정됨에 따라 융건릉도 유네스코 세계문화유산에 포함되었다.

융건릉 입구부터 보이는 울창한 솔숲.

정조는 왕위에 오른 뒤 사도세자의 시호를 장헌세자로 높였고 1789년에 묘를 지금의 자리인 화산으로 이장해 현륭원으로 고쳐 불렀다. 1899년에는 고종이 장헌세자를 다시 장조로 추존하고 현륭원 역시 융릉으로 바뀌게 되어 오늘에 이른다.

얼핏 평평한 야산으로 보이는 왕릉 입구에 들어서면 금세 울창한 솔숲이 나타난다. 융건릉은 조선의 왕릉 가운데 가장 아름다운 숲길을 가지고 있다고 해도 과언이 아닐 것이다. 높이 20~30미터의 소나무와 참나무가 뒤섞인 숲은 그 자체로 장관을 이룬다.

홍살문을 통과하면 융릉이 모습을 드러낸다. 아버지에게 죽임을 당한 사도세자이지만, 아들 정조의 뜻에 따라 왕의 능침과 같은 형태로 조성했다는 아름다운 공간이다. 융릉의 인석 위에는 마치 사도세자의 꿈을 달래듯 아름다운 연꽃 봉오리가 조각되어 있다고 하는데, 가까이 갈 수가 없어 육안으로 확인하기는 힘들다. 능의 외곽에 울타리를 쳐놓아 일반인의 접근 자체가 불가능하기 때문이다.

융릉에서 정조가 묻힌 건릉으로 이동할 때는 왔던 길로 돌아나가는 대신 융릉에서 건릉 사이로 난 산길을 걸어보자. 융건릉 둘레길은 물론 두 능 사이를 잇는 오솔길은 누구나 부담 없이 걸을 수 있는 호젓한 숲길이다. 사람이 없는 길을 홀로 걷는 기쁨, 울창한 숲속에서 느끼는 아름다운 자연이 오롯이 와닿는다.

숲에 마음을 빼앗긴 채로 걷다 보면 드디어 '왕의 길'의 주인공이 잠든 건릉에 도착한다. 규모와 형식이 융릉과 비슷한 건릉은 원래 융릉의 동쪽 언덕에 있었지만, 효의왕후 승하 후 풍수지리상 좋지 않다는 이유로 지금의 자리로 옮겨 합장되었다고 한다. 유난히 효심이 깊었던 정조, 그의 유언대로 아버지 곁에 잠들어 있는 지금, 그는 행복할까.

능행차길은 여기서 끝나지만, 돌아오는 길에 정조가 들렀다는

사도세자의 묘는 양주에 있었으나 정조가 왕위에 오르고 나서 현재의 위치로
천장했다.

평생 18번의 능행차를 한 정조의 효심을 기려 세워진 지지대비.

지지대 고개도 들러봐야 비로소 정조대왕 능행차길을 완벽하게 끝냈다고 할 수 있다. 지지대는 화성 행궁으로부터 약 10킬로미터 떨어진 곳으로 수원시와 의왕시의 경계에 자리해 있다. 정조는 참배를 마치고 돌아오는 길에 이곳 지지대 고개에서 능이 있는 풍경을 마지막으로 돌아보며 궁으로 향하는 여정을 늦췄다고 한다.

지지대 고개에는 전각이 하나 있는데, 정조의 지극한 효성을 추모하기 위해 1807년(순조 7년)에 세워진 지지대비다. 사람의 발길이 드문 곳이라 그런지 그 시절 정조의 그리움과 슬픔이 더 깊이 각인되어 있는 듯하다. 하루를 꼬박 정조대왕의 길을 따라 걸었다면, 지지대 고개에서는 어느새 찾아온 어스름한 저녁을 만날 것이다.

하루아침에 왕이 된 청년의 이야기

#철종 #강화나들길 14코스 #용흥궁 #성공회 강화성당 #고려궁 성곽길

강화도는 걷기에 좋을 뿐 아니라 역사적 사연이 깃든 길이 유난히 많은 곳이다. 선사 시대에 만들어진 고인돌, 단군이 하늘에 제를 지냈다고 하는 참성단, 고구려 때 아도화상이 창건한 전등사, 조선 시대 외세의 침입에 맞서 싸운 초지진 등 사연을 알고 걸으면 한층 더 마음에 와닿는 강화도의 풍경들. 작은 섬인데도 국가적 규모의 유적들이 즐비하다. 그 가운데 왕의 사연이 깃들어 있음에도 소박하고 서민적인 냄새가 나는 역사 산책로가 있어 방문객들의 눈길을 끈다. 강화나들길 중 14코스로 지정된 '강화도령 첫사랑길'인데, 철종이 왕위에 오르기 전 강화도에서의 삶을 보여주는 장소다. 특히 이 길에는 철종과 첫사랑 봉이의 애잔한 러브스토리가 담겨 있기도 하다.

강화나들길 14코스는 철종이 어린 시절을 보낸 용흥궁龍興宮에서 출발해 철종과 봉이가 처음 만난 장소로 추정되는 청하동 약수터를 거쳐 철종이 나무하러 다닌 길을 따라가면 만나는 고려 시대의 유적 강화산성을 지나 철종의 외가에까지 이르는 길이다. 어쩌면 이 길이야말로 결코 길다고 할 수 없었던 철종의 삶에서 가장 아름다운 시절을 담고 있는 것은 아닐까? 문득 서글픈 생각이 든다.

철종이 어린 시절을 보낸 작고 소박한 집

용흥궁은 철종이 왕위에 오르기 전 어린 시절을 보냈던 잠저潛邸다. 잠저란 임금으로 추대된 사람이 왕위에 오르기 전 궁궐 바깥에서 살던 민가를 말한다. '용이 흥하게 되었다'란 뜻의 용흥궁은 철종이 왕위에 오른 지 4년 만에 강화 유수留守 정기세가 원래는 초가였던 집을 새로 지은 것이다.

용흥궁은 좁은 골목길 한쪽에 자리하고 있다. 대문을 통해 들어가면 바로 앞에 안채를 둘러싼 담이 있으며, 오른쪽에 있는 행랑채를 지나야 안채가 나온다. 대문에서 왼쪽에 난 돌계단 또는 안채를 돌아간 끝에 있는 돌계단을 오르면 사랑채를 만날 수 있다. 사랑채를 바라보고 왼편에 철종이 살았던 옛집임을 표시하는 비석과 비각이 있다. 보통 조선 시대 사대부의 살림집은 대문을 들어서면 사랑채가 나오고, 안채를 사랑채 뒤편에 배치하는 게 일반적이지만, 용흥궁은 사랑채를 안채 뒤편 구릉 위에 지은 점이 특이하다. 이는 왕이 머물렀던 사랑채의 권위와 전망을 고려해 언덕 위에 배치했기 때문이다.

사실 '궁'이라는 표현을 쓰고 있지만, 그에 어울리게 넓거나 화려

지방유형문화재 제20호로 지정된 용흥궁. 현판은 흥선대원군의 친필이라 전해
진다(좌). 철종은 용흥궁의 사랑채에서 살았다(우).

한 인상은 전혀 없다. 그저 평범한 사대부의 살림집 같은 느낌인데,
인적이 드물어서인지 쓸쓸함마저 감돈다. 지금은 사용하지 않아 뚜
껑이 덮인 채로 자리하고 있는 우물 두 개도 을씨년스러움을 더한
다. 용흥궁을 한 바퀴 휘 둘러보다 보면, 마치 퇴락한 권력자의 뒷
모습을 보여주기라도 하는 듯해 애잔한 마음을 감출 수 없다.

비운의 왕, 철종

일명 '강화도령'이라 불리는 조선의 제25대 왕인 철종 이원범은 영조의 차남인 사도세자의 증손자다. 그렇다고는 해도 영조가 숙종의 후궁인 숙빈 최씨의 아들이며, 사도세자 역시 영조가 후궁인 영빈 이씨에게서 얻은 서자였고, 철종의 할아버지인 은언군은 사도세자의 서자였으며, 그의 서자가 전계대원군(이광)으로 철종의 아버지다. 즉 서출로 이어진 혈연관계이다 보니 철종은 물론 아버지에게도 군호가 없었다. '덕완군'은 헌종이 승하한 지 이틀 만에 철종에게 내려진 군호인데 그다음 날에 창덕궁에서 즉위했으므로, 단 하루 쓰인 군호라고 할 수 있다.

할아버지 은원군이 정조 시절 역모의 혐의로 교동도에 귀양을 갔다. 40년 만에 귀양이 풀리면서 철종의 아버지 이광은 한양으로 돌아온다. 하지만 한양으로 돌아온 지 십수 년 만에 철종의 형이 다시 역모에 휘말리며 강화도로 유배된 것이다. 그러다 헌종이 스물세 살의 나이에 후사 없이 사망하며 정조의 직계손이 끊기자 이원범은 정통성을 가진 유일한 왕족으로 갑작스럽게 왕에 추대되었다.

하지만 당시에는 순원왕후가 수렴청정을 했고, 안동 김씨가 실권

철종이 살았던 옛집임을 표시하는 비석과 비각.

을 쥐고 있던 때였다. 3년 동안 열심히 공부하고 노력한 끝에 1859
년부터 친정을 시작했지만, 안동 김씨의 세도가 강해 자신의 뜻을
제대로 펼칠 수 없었다. 세도정치의 폐단으로 민중의 생활은 점점
더 피폐해져 갔고, 결국 1862년 진주민란을 시발점으로 곳곳에서
농민항쟁이 일어나기에 이르렀다. 철종은 민심을 수습하려고 부단
히 애썼지만 쉽지 않았고, 자신을 지지해준 남인들이 노론 벽파의

천주교 탄압으로 숙청당해 완전히 힘을 잃게 되었다.

1862년부터 철종은 줄곧 병석에 누워 지냈다고 한다. 그리고 1864년 1월 16일 재위 14년 만에 창덕궁 대조전에서 짧지만 한 많은 인생을 끝냈다. 당시 그의 나이 33세였다.

강화도령 이원범과 첫사랑 봉이가 처음 만난
운명의 장소

가장 화려할 것 같은 왕궁에서의 생활이 불행으로 점철된 철종에게 강화도의 삶은 행복했을까? 다시 '강화도령 첫사랑길'을 산책하며 그의 평범했던 삶을 따라가보자. 용흥궁에서 출발해 강화산성이 둘러싼 해발 222.5미터의 남산으로 오르는 좁은 산길을 따라 30여 분 정도 오르면 청하동 약수터를 만날 수 있다. 이곳은 나무를 하러 왔던 강화도령 이원범과 봉이가 처음 만난 곳으로 알려져 있다. 두 사람은 사람들의 눈을 피해 이 약수터에서 만나 바로 위 강화산성 남장대를 지나 숲길을 걸어 찬우물 약수터까지 오가며 사랑을 나누었다고 전해진다. 결혼을 생각할 만큼 가까운 사이였던

철종과 봉이가 처음 만난 청하동 약수터는 지금도 산책자들의 목을 축여주는 쉼터다.

둘은, 이원범이 하루아침에 왕위에 오르면서 생이별했다고 한다.

청하동 약수터는 '남정藍井'이라고도 불렸는데, 심한 가뭄에도 마르지 않고 물이 달면서도 차갑기로 유명했다. 특히 부드러운 목 넘김이 좋은데, 작은 산에서 이런 맛의 약수가 나온다는 것이 신기할 정도다. 약수터 주변에는 다양한 체육시설과 큼직한 정자가 있어 주민들의 쉼터 역할을 하기에도 안성맞춤으로 보인다. 또 강화도령과 봉이가 그려진 분홍색 안내판도 볼 수 있는데, 수줍게 웃는 두 사람의 모습이 그들의 불행한 결말 탓에 안쓰럽게 느껴진다.

사대부가의 소박하고 단아한 멋이 흐르는 외갓집

강화산성의 남장대를 넘어 걷다 보면 어느새 강화도령 시절 철종의 추억길 마지막 코스라 할 수 있는 철종의 외가에 다다른다. 철종의 외삼촌 염보길의 집으로, 이곳 또한 철종이 즉위한 지 4년 후인 1853년에 다시 지어졌다. 강화에 유배되었던 시절 철종이 도움을 받았던 외가를 보존하기 위해 철종 잠저인 용흥궁과 함께 재건된 것으로 추정된다.

집의 구조는 구한말 경기 지역 사대부 저택의 형식을 따르고 있는데, 원래는 안채와 사랑채가 좌우에 있는 창덕궁 후원 연경당과 비슷한 형태인 H형 구조를 하고 있었으나 지금은 가운데 행랑채 일부가 헐려 'ㄷ'자형을 유지하고 있다. 또 안채와 사랑채를 'ㅡ'자로 연결시켜 작은 담으로 간단하게 나눠놓은 점이 특이하다.

한적한 시골 동네에 자리 잡은 철종의 외가는 전체적으로 단아하고 소박한 인상을 준다. 대문 밖으로 펼쳐진 너른 들판이 계절에 따라 변하는 자연의 풍경을 고스란히 담고 있어 집의 아름다움을 더한다. 이 먼 곳까지 나무하러 다녔다는 강화도령 시절 철종은 외가 마루에 걸터앉아 잠시 휴식을 취하곤 했다고 한다.

인천문화재자료 제8호로 지정되어 있는 철종의 외가 전경은 고풍스럽고 단아하
면서도 소박한 멋을 풍긴다.

비록 하루하루 입에 풀칠하며 30리 먼 길을 나무하러 다녔던 강화도령이지만 그 고단함조차도, 자신을 깔보고 권력을 휘두르는 낯선 사람들 사이에 둘러싸여 하루도 자유롭지 못했을 왕궁에서의 삶에 비하면 그리운 시절이지 않았을까. 겉으로 화려해 보이는 삶보다 낮은 곳에서 행복을 찾을 수 있는 서민들의 삶이 차라리 나은 것은 아닐까 하는 생각이 문득 든다.

우리나라 최초의 한옥성당에서 내려다보는
아름다운 풍경

강화도령 첫사랑길을 걷기 위해 강화도를 찾았다면, 본격적인 산책을 시작하기 전에 들러보면 좋은 곳이 있다. 철종이 10대 시절을 보낸 용흥궁에서 그리 멀지 않은 언덕에 자리한 우리나라 최초의 한옥성당, 대한성공회 강화성당이다. 강화성당으로 향하는 길은 돌담으로 이어져 제법 멋스럽다. 이곳은 1900년 11월 15일 고요한Charies Jone Corfe 초대 주교가 축성한 건물로, '성 베드로와 바오로의 성당'으로 명명되었다. 한옥의 건축 양식을 따라 지었기 때문에

사적 제424호로 지정된 대한성공회 강화성당 전경. 바실리카 양식을 취하고 있는 성당 내부는 아름다우면서도 독특한 분위기를 풍긴다.

얼핏 사찰처럼도 보이는데, 이는 교리에 어긋나지 않는 범위 내에서 현지의 전통과 문화를 수용한다는 성공회의 방침에 따른 것이라고 한다.

강화성당은 입구 계단, 외삼문과 내삼문, 성당 건물, 사제관 등으로 이루어져 있다. 외삼문은 솟을대문에 팔작지붕으로, 현판에는 '성공회 강화성당聖公會江華聖堂'이라고 쓰여 있다. 또 내삼문은 평대문에 팔작지붕으로 서쪽 칸은 종각으로 쓰이는데, 종에는 성공회를 상징하는 십자가가 새겨져 있다. 성당 내부는 로마의 바실리카 양식을 취하고 있어 독특한 분위기를 자아낸다. 성당 안에 들어서면 가장 먼저 흰 돌로 만든 커다란 비석 같은 세례대가 있고 여기에는 수기, 세심, 거악, 작선 등의 한자가 새겨져 있다. '자신을 닦고 마음을 씻으며, 악을 떨쳐 선을 행한다'는 뜻이다. 목조 가옥과 어우러진 내부의 등과 창이 무척이나 아름답다.

100년이 넘은 이 성당은 지금도 여전히 예배당으로 사용되고 있다. 성당 입구에는 교인들의 세례명이 적힌 카드가 책장 가득 꽂혀 있다. 성당 건물과 같은 시기 지어진 사제관도 한옥 양식을 그대로 따랐으며, 지금까지 사제관으로 사용하고 있다.

강화성당의 터는 마치 하나의 거대한 범선처럼 보이는데, 방주로

서의 의미를 살려 배의 형상으로 만들었다는 이야기가 있는가 하면, 성당이 자리 잡은 곳이 강화도라는 섬이고 교인 대부분이 어업에 종사하는 것을 고려해 성당 역시 배를 본뜬 모양으로 설계되었다고도 전해진다. 성당이 위치한 언덕에서 바라본 마을 풍경은 한없이 고즈넉하면서도 아름답다.

굽이굽이 아름다운 고려 시대의 성곽을 따라 걷는 기쁨

강화도령 첫사랑길을 걷다 보면 강화나들길 15코스인 고려궁 성곽길과 상당 부분 겹치는 것을 알 수 있다. 고려궁 성곽길은 강화읍을 에워싸고 있는 강화산성을 중심으로 걷도록 조성된 길로, 남문을 출발해 남장대와 국화저수지 산책로를 지나 서문을 둘러보고, 다시 북문을 지나 북산 북장대를 돌아 내려오는 총 11킬로미터의 코스다.

고려 고종 19년(1232년), 대몽항쟁을 위해 도읍을 강화로 옮기고 이곳에 궁궐을 지을 때 도성도 함께 쌓았다. 이때 지어진 도성은 개성의 성곽과 비슷하게 내성, 중성, 외성으로 이루어졌으며 1232년

강화산성을 거쳐 남장대로 오르는 길은 한 폭의 수묵화처럼 고요하고 적막하다.

부터 축조되었다고 전해진다. 이 가운데 내성에 해당하는 것이 현재의 강화산성이다. 산성에 오르는 길은 자연 그대로의 풍경을 간직하고 있어 운이 좋으면 고라니, 청설모 등이 뛰어노는 모습도 어렵지 않게 만날 수 있다.

군사들을 지휘하고 성을 지키는 장수가 있는 일종의 망루이자 지휘소를 장대將臺라고 하며 보통 동서남북의 방위를 붙여 부르는데, 강화산성에는 남산에 있는 남장대가 유명하다. 청하동 약수터에서 약 400미터 떨어져 있는 남장대는 터만 남아 있던 것을 2010년에 복원했다. 남산의 정상에 우뚝 솟은 남장대는 단아하면서도 위풍당당하며, 2층 구조로 된 지붕은 비례가 날렵하다. 이곳에서 보면 북쪽으로는 강화 읍내와 고려궁지가 손에 잡힐 듯하고, 그 뒤로는 한강 너머 북한의 개풍 땅이 선명하다. 동쪽으로는 서울 북한산과 도심이 한눈에 잡힐 정도로 너른 시야를 자랑한다.

고려궁궐은 연경궁, 강안전, 경령궁 등 규모는 작지만 궁궐의 모습을 제대로 갖추고 있었으며 뒷산 이름도 개경과 마찬가지로 송악으로 불렀다. 고려왕조는 1270년 몽골과 화친조약을 맺으며 강화도를 떠나 다시 개경으로 환도했다. 이때 몽골이 '강화도에 있는 궁궐과 성곽을 모두 파괴하고 돌아가야 한다'는 조건을 걸었기 때문에

39년간 고려의 수도였던 역사적 유물이 대부분 파괴되었고, 지금은 왕궁의 흔적조차 남아 있지 않다. 폐허가 된 고려궁지에는 조선 시대 왕의 행차 때 사용하던 행궁과 동헌, 외규장각 등이 들어섰지만 병자호란과 병인양요 때 이마저도 프랑스군에 의해 모두 불에 타 없어졌거나 약탈당했다. 현재는 강화 유수가 업무를 보던 동헌, 이방청 등만이 남아 있다.

왕이어서 가장 불행했던 남자

#고종 황제 #덕수궁 #구 러시아 공사관 #환구단 #중명전 #정동전망대

조선의 왕 27명 중에 사연 없는 왕이 없겠지만, 불행한 가정사와 열강의 압력 속에 기 한번 제대로 펴보지 못한 고종을 빼놓고 이야기할 수는 없을 것이다. 철종이 후사 없이 승하하자 왕권과 인연이 없는 먼 친척이었던 이형은 헌종의 어머니인 조대비의 전교로 갑자기 왕위에 오르게 된다. 하지만 왕이 된 뒤에는 아버지인 흥선대원군과 부인인 명성황후의 세력 다툼으로 안에서 편할 날이 없었고, 밖으로는 일본은 물론 중국과 러시아까지 열강의 압력 속에 국권을 지키기 위해 끝없는 고민이 이어졌다. 조선이 대한제국으로 국호를 바꾸며 초대 황제에 오르기도 했지만, 아이러니하게도 이 시기가 일제의 침략에 의해 국권 피탈의 위기가 절정에 달했던 때였다.

덕수궁 돌담길과 이어지는 정동길은 19세기 후반 대한제국을 통해 부국강병을 꿈꿨던 고종 황제의 꿈, 그리고 그 꿈이 좌절되면서 남긴 아픔의 흔적들이 고스란히 남아 있는 곳이다.

1896년 한겨울 새벽에 세자 이척을 데리고 나섰던 '고종의 길'을 따라 도착한 아관파천의 현장 '러시아 공사관', 을사늑약이 체결된 '중명전' 등 덕수궁 돌담길로 이어지는 정동을 굽이굽이 걷다 보면 마음 한구석이 어쩔 수 없이 먹먹해진다. 떠올리고 싶지 않지만 반드시 기억해야 하는 역사 속의 그 길로 떠나보자.

정동 전망대에서 내려다본 덕수궁 전경.

근대로 가는 길목에서 가로막힌 슬픈 역사의 길

덕수궁 돌담길은 대한문의 왼쪽 담벼락을 끼고 난 길부터 시작
해 덕수궁과 미국 대사관저가 만나는 지점 사이에 난 길 끝까지 약
1킬로미터에 달하는 길이다. 그 가운데 영국 대사관 정문부터 후문
에 이어지는 약 170미터는 그동안 걸을 수 없었다. 대사관 정문부
터 직원 숙소에 달하는 70미터는 대사관 소유로 1883년 영국이 매
입했고, 직원 숙소에서 후문에 달하는 나머지 100미터는 서울시 소
유였지만 1959년 대사관이 점용 허가를 받아 철대문을 설치하면서

최근까지 점유해 사용했다. 그러다가 2016년 양측이 개방에 합의해 2017년 8월, 2018년 12월 두 차례에 걸쳐 정식 개방되었다.

특히 2017년에 개방된 100미터 구간은 60여 년 이전에는 자유로운 왕래가 가능했던 구간으로, 구한말 당시 덕수궁에서 선원전(현재 경기여고 터)으로 들어가거나, 러시아 공사관이나 경희궁으로 가기 위한 주요 길목이었다. 100미터 구간의 돌담길은 담장이 낮고, 곡선이 많은 것이 특징이다. 담장이 사람의 시선 아래 펼쳐져 있어 도심 속에서 고궁의 고요하고 평온한 정취를 느낄 수 있다. 이 돌담길과 이어져 정동공원과 러시아 공사관까지 연결된 길이 2018년 복원 완료된 '고종의 길'이다.

1896년 2월 11일 혹독한 추위가 몰아치는 새벽, 고종은 경복궁의 서문 영추문을 빠져나와 황급히 러시아 공사관 쪽으로 몸을 옮겼다. 세자 척도 고종과 동행했다. 그것도 극비리에 궁녀로 변장해서 궁녀의 가마에 타고 있었다고 하니 그야말로 슬픈 역사의 한 장면이라 할 수 있다.

대한제국 당시 미국 공사관이 제작한 정동지도에는 덕수궁 선원전과 현 미국 대사관저 사이의 작은 길을 '왕의 길King's Road'로 표시하고 있다. 아관파천 당시 고종이 몸을 피했던 바로 그 길이다.

우리 근현대사의 부끄러운 편린을 간직한
'언덕 위의 하얀 집'

정동공원 내에 위치한 구 러시아 공사관은 비운의 아관파천 현장
으로 잘 알려진 곳이다. 1895년 일제에 의해 명성황후가 시해되자
고종은 1896년 2월, 신변 보호와 일본을 견제한다는 목적으로 세자
를 데리고 경복궁을 떠나 러시아 공사관으로 피신을 간다. 이후 고
종은 1년이라는 시간 동안 이곳에 머무르면서 정사를 돌본다. 아관
파천 당시 고종이 거처했던 방은 공사관에서 가장 안락한 방으로,
내부가 르네상스풍 장식으로 꾸며져 있었다.

공사관은 광복 직후 소련 영사관으로 활용되다가 6·25 전쟁 중 폭
격으로 건물 대부분이 소실되었고, 1973년 르네상스식 첨탑만 복원
되었다. 완만한 경사로에 자리 잡은 언덕 위의 하얀 집, 러시아 공사
관 건물은 당시 정동에서 가장 좋은 입지 조건을 자랑했다고 한다.

하얀색으로 빛나는 탑 일대는 지금도 정동공원 가장 높은 곳에
위치해 있으면서 꽤 이국적인 느낌을 풍긴다. 외세에 기대어 국가
권력을 유지하고자 했던 우리 역사의 부끄러운 모습을 보여주는 러
시아 공사관은 1977년 사적 제253호로 지정되었으며, 문화재청과

덕수궁 담을 따라 걸어 올라가면 현재는 탑만 남아 있는 옛 러시아 공사관이 보
인다. 이 건물은 사적 제253호로, 조선 고종 27년(1890년)에 지어진 르네상스풍
건물이다.

서울 중구청의 주관으로 2021년까지 그 원형을 복원, 정비할 계획
이다.

대한제국과 고종 황제의 야망이 느껴지는 상징적 공간

  1897년 조선을 이어 들어선 대한제국의 주요 무대였던 덕수궁은
서울의 다른 궁궐들과는 달리 근대 초기의 건물들이 많다. 그중 중
화전과 정관헌은 고종 황제의 야망을 엿볼 수 있는 곳이다. 중화전
이 완공된 1902년은 대한제국을 선포한 지 5년이라는 시간이 지난
시점이었다. 이 기간 동안 고종 황제는 근대 국가 건설을 위한 각종
개혁 정책을 시행하고, 가로 정비와 공원 건설 그리고 대중교통과
철도 건설 등 근대 국가로서의 기틀을 새롭게 다졌다.

  중화전 건설은 고종 황제에게 남다른 의미가 있었다. 정전을 갖
추지 못한 채 급박한 정치 현실에서 출범했던 대한제국의 '미완의
프로젝트'를 완성한다는 상징적 의미를 담고 있었기 때문이다. '중
화전中和殿'이라는 이름 역시 당시 조선을 둘러싼 세계열강들 사이에
서 한쪽으로 치우치지 않겠다는 의지의 피력이다. 복잡한 세계 질
서 속에 대한제국의 이름으로 당당하게 자리매김하겠다는 고종 황
제의 꿈이 중화전을 통해 비로소 구현된 것이다.

  중화전은 정면 5칸, 측면 4칸으로 구성되어 있다. 정면의 5개 칸
중에서 중앙에 위치한 어칸은 다른 칸에 비해 더 넓게 만들어 중앙

보물 제819호로 지정된 중화전의 내부.

의 상징성과 기능성을 반영했다. 중화전 내부를 들여다보면 가장 먼저 눈에 띄는 것이 임금이 앉는 의자인 어좌와 그 뒤에 놓인 일월오봉도다. 하늘의 좌우에 각각 달과 해가 흰색과 붉은색으로 그려져 있고 그 아래로 다섯 개의 산봉우리가 우뚝 솟아 있어 일월오봉도라 부르며, 일월오악도라고도 한다. 오봉은 동서남북과 중앙에 있는 다섯 산으로 전 국토를 의미한다. 그림에 나오는 해와 달, 소나무 등은 하늘과 땅을 비롯해 임금의 권위가 미치는 모든 것을 상징한다. 그래서 모든 궁궐의 정전에는 일월오봉도가 그려져 있다. 어좌 위로는 집 모양을 하고 있어 '집 속의 집'이라고 불리는 닫집이 있다.

대한제국의 외교 행사장이자 차와 음악을 즐겼던
고종 황제의 휴식처

덕수궁 북쪽 가장 높은 위치에 자리한 정관헌은 우리나라 궁궐 안에 세워진 첫 서양식 건물이다. 관람객들은 직접 정관헌 안으로 들어가 덕수궁 풍경을 바라볼 수도 있다. 그 이름부터가 '고요하게靜 바라본다觀'는 뜻으로, 덕수궁을 조망하기에 좋은 위치다. 1900년

우리나라 궁궐 안에 세워진 첫 서양식 건물 정관헌.

경 우리나라 궁궐 안에 세워진 최초의 서양식 건물로, 로마네스크
양식의 기둥이 사용되어 서양미와 전통미가 어우러진 독특한 구조
의 건축물이다. 러시아 출신 건축가 사바틴Sabatine이 설계했으며, 정
면 7칸, 측면 5칸의 형태로 지어졌다.

정관헌은 고종 황제가 다과회를 열고 음악을 감상했던 휴식처이
자, 외국 사신과의 연회나 외국 공사들의 접견 장소로도 쓰였던 곳

이다. 정면과 좌우 측면에는 화려한 느낌이 나는 발코니를 만들었고, 붉은색 벽돌을 사용해 지금 보아도 이국적인 느낌을 듬뿍 담고 있는 반면, 난간과 기둥머리 부분의 문양에는 한국적인 요소를 곳곳에 가미했다. 정관헌 내부는 일반 관람객들이 자유롭게 드나들 수 있도록 공개하고 있다. 실내화로 갈아 신은 후 정관헌 안에 마련된 의자에 앉아 궁궐을 바라보고 있노라면, 잠시나마 대한제국 시절로 되돌아간 듯한 착각에 빠져든다.

제국으로서의 위용을 만천하에 알리고자 했던 성역

고종 황제는 아관파천 후 경운궁(덕수궁의 당시 이름)으로 환궁하면서 남별궁을 철거하고 그 자리에 환구단을 복원했다. 환구단은 하늘에 제사를 드리는 장소로 고려 시대부터 설치와 폐지가 되풀이된 유적이다. 조선 시대 들어서는 세조 3년(1457년)에 환구단을 중건해 제천 의례를 올렸지만 7년 만에 중단되었다. 유교를 국가의 통치 이념으로 삼은 조선은 유교 사대주의 노선을 걸으면서 태종 대에 명나라가 황제국이고 조선은 제후국임을 스스로 인정했다. 그리고 황제

화강암 기단 위에 돌난간을 두르고 세워진 3층의 팔각건물, 황궁우(상). 하늘에 제사를 드릴 때 사용하는 악기인 북을 형상화한 석고는 고종 즉위 40주년을 기념해 1902년 만들어졌다(하).

만이 하늘에 제사를 지낼 수 있고, 제후국인 조선은 그러한 권한이 없다는 이유로 스스로 제사를 포기했다. 환구단 복원은 고종 황제가 대한제국 선포를 준비하는 과정에서 이뤄졌다. 대한제국 이전 환구단 자리에 있던 남별궁은 중국 사신을 맞이하던 별관이었다.

고종은 1897년 10월 황룡포에 면류관을 쓰고, 금으로 채색한 가마에 올라 덕수궁에서 환구단으로 향한 뒤 제천의식을 거행했다. 이로써 고종은 이곳에서 하늘과 땅에 자신이 대한제국의 황제임을 선포했다.

하지만 일제의 침략 야욕으로 제국의 꿈도 환구단과 함께 허망하게 무너지고 말았다. 일본은 1913년 조선철도호텔(현 조선호텔 자리)을 짓는다는 명분 아래 황궁우만 남겨둔 채 본단을 비롯한 환구단의 주요 시설물 대부분을 철거했다. 고종 황제는 대한제국의 성역이 눈앞에서 사라지는 모습을 무기력하게 지켜볼 수밖에 없었다.

환구단은 현재 제사를 지내던 3층 팔각 건물의 황궁우와 북 모양 조형물인 석고 세 개, 삼문, 협문만 남아 있는 상태다. 황궁우는 제사의 주요 대상인 하늘신, 땅신, 태조의 신위를 모신 장소로, 팔면의 창호는 소슬꽃살무늬로 꾸미고, 기둥 사이에는 물결과 연꽃무늬를 새긴 장식물인 낙양을 설치해 화려한 느낌을 준다. 1902년에는 고종 즉위 40주년을 기념하는 석고단을 황궁우 옆에 세웠다. 석고의 몸체에 부각된 용무늬는 조선 말기 조각의 걸작으로 꼽힐 만큼 정교하다.

을사늑약 이후 고종 황제의 강제 퇴위까지, 제국의 아픔이 서린 현장

덕수궁 돌담길을 돌아 정동극장 쪽으로 걷다 보면 골목길 한쪽에 중명전이 자리하고 있다. 중명전은 덕수궁을 대한제국의 황궁으로 정비하는 과정에서 황실의 서적과 보물들을 보관하는 도서관 용도로 지어진 건물이었다. 하지만 1904년 덕수궁에 큰불이 나자 고종 황제는 이곳으로 거처를 옮겨 편전으로 사용했다. 원래 이름은 수옥헌이었지만 중명전이라는 이름이 새롭게 붙여졌다.

중명전은 1905년 11월 17일, 우리의 외교권이 박탈당했던 을사늑약이 맺어진 치욕스러운 장소이자 을사늑약의 부당함을 국제사회에 알리기 위해 1907년 4월 20일 네덜란드 헤이그로 특사를 파견한 곳이기도 하다. 고종 황제는 '헤이그 특사 사건'을 빌미로 강제 퇴위

중명전 전경(상). 제2전시실에 재현된 을사늑약 체결 현장은 쓸쓸함을 느끼게
한다(하).

당할 때까지 이곳에 머물렀다.

　이후의 중명전은 계속해서 주인과 용도가 바뀌고, 심지어 외관마저 변형되는 파란만장한 세월을 겪는다. 광복 후에 국유 재산으로 편입되었다가 6·25 전쟁 당시에는 북한군과 공산당의 기지로 사용되기도 했다. 1963년에는 박정희 대통령이 영구 귀국한 영친왕과 이방자 여사에게 중명전을 돌려주었지만, 영친왕 사후 다시 민간에 매각되었다. 이후 건물은 점포로, 앞뜰은 주차장으로 사용되면서 건물의 역사는 잊혔다. 1983년 건물의 중요성을 인식한 서울시가 중명전을 인수해 서울시 유형문화재 제53호로 지정했지만 그 뒤에도 오랫동안 방치되었다. 2007년 문화재청으로 소유권이 넘어가면서 덕수궁의 건물로 다시 인정받을 수 있었다. 건물은 제자리에서 움직이지 않았지만, 그 정체성이 수십 년 만에 제자리를 찾아온 것이다.

　중명전은 2009~2010년, 2016~2017년 두 번의 복원을 거쳐 현재의 전시관 형태로 일반에 공개되었다. 제1전시실 〈덕수궁과 중명전〉, 제2전시실 〈을사늑약의 현장〉, 제3전시실 〈을사늑약 전후의 대한제국〉, 제4전시실 〈대한제국의 특사들〉로 구성되어 있으며, 특히 제2전시실에 마련된 을사늑약 체결의 방은 당시의 상황을 그대로 재연해 관람객의 눈길을 끈다.

　을사늑약 이후 대한제국은 몰락의 길을 걸으며 13년이라는 짧은 역사를 남긴 채 사라진다. 이는 고종 황제와 대한제국의 꿈이 멈추는 순간이기도 했기에, 중명전을 거니는 순간은 몹시 서글픈 마음이 든다.

영토 개척으로 만들어진 길이 피난길로

#충주 하늘재 #미륵대원지 #월악산 #공민왕

문득 도시에서의 삶이 너무나 빠르다고 느껴질 때가 있다. 도시의 시계는 왠지 더 빨리 돌아가는 것 같고 거리를 바삐 오가는 사람들의 발걸음에 속도를 맞추지 못하면 뒤처지는 것 같아 불안하다. 그래서 더 부지런히, 더 열심히 살아간다. 하지만 일주일의 닷새를 그렇게 바쁘게 보낸 사람들도 주말에는 여유를 찾아 헤맨다. 집에서 아무것도 하지 않고 느긋하게 보내는 사람, 부족했던 잠을 보

하늘과 맞닿아 있는 듯한 하늘재 정상(명승 제49호).

충하는 사람이 있는가 하면, 조용하고 한가로운 풍경을 찾아가는 사람도 있다.

걷다 보면 저절로 발걸음이 느려지는 길이 있다. 길 위에 놓인 풍경 하나하나에 눈길을 주다 보면 시간 가는 것도 잊게 되는 그런 길 말이다. 월악산 자락에는 무려 2000년의 역사를 간직한 하늘재가 있다. 문헌상 우리나라 최초의 고갯길이자 충북 충주와 경북 문경을 잇는 길이다. 구름이 휘감은 월악산의 신비로움과 정취 가득한 숲길의 아름다움에 빠져 굽이굽이 이어진 흙길을 따라 걷다 보면, 어느새 하늘과 맞닿은 고갯마루에 올라서게 된다.

우리 땅에 처음으로 생긴 백두대간 고갯길

충주의 옛 이름인 '중원'은 '넓은 들의 가운데'라는 사전적 의미와 '나라의 중심' '천하의 중심'이라는 정치·군사적 의미를 지닌다. 하늘재는 한반도의 중원인 충주에서 영남의 관문인 문경으로 들어가는 옛 고갯길로, 신라 시대에는 '계립령', 고려 시대에는 '대원령'으로 불렸다. 대원령을 우리말로 옮기면 '한울재'가 된다. 이것이 조선 시

초록의 봄기운을 가득 머금은 하늘재 고갯길과 하늘재에서 만나게 되는 전경.

대에 와서 '하늘재'로 바뀌었다고 한다.

하늘재는 원래 영토 확장을 위한 군사의 길로 개척되었지만 이후 불교가 전파된 문화의 길, 보부상과 서민들의 애환이 깃든 삶의 길로 변화했다. 이곳은 또한 우리나라 양대 수계水系의 분수령이기도 하다. 하늘재에 내린 빗물이 문경으로 떨어지면 낙동강이 되고, 충주로 떨어지면 한강이 된다.

하늘재는 지금으로부터 1860여 년 전인 156년 신라 제8대 아달라왕이 북진을 위해 개척한 길로, 신라가 북진 정책을 펼치며 한강 유역으로 진출할 수 있는 교두보 역할을 했다. 그리고 백제와 고구려의 남진을 저지하는 주요 전략 거점이기도 했다. 1361년, 고려 31대 왕인 공민왕이 홍건적의 난으로 안동까지 피난을 떠날 때도 이 고갯길을 넘었다. 조선 시대에 들어 태종 14년(1414년)에 문경새재 길이 개척되면서 하늘재는 점점 잊혀가는 고갯길이 되었다. 그러다가 최근에 트래킹 코스로 주목받으면서 다시 사람들의 발길이 이어지고 있다.

개혁 군주 공민왕은 어떤 인물인가?

이 평화로운 트래킹 코스를 피난길로 삼았던 공민왕은 매우 흥미로운 인물이다. 고려 충숙왕의 차남으로 태어나 31대 국왕이 되었다. 당시 원나라의 기세가 대단해 고려의 왕족들은 원에 볼모로 가는 일이 많았다. 공민왕 역시 열두 살에 원나라로 가서 10년간 생활하다 돌아와 고려의 왕위에 올랐다. 드라마 등을 통해 소개된 원출신 노국공주와의 로맨스가 유명하지만, 시작은 정략결혼이었다. 원에서 교육을 받고 결혼을 통해 원의 부마가 된 공민왕이었지만, 왕위에 오를 때쯤 원이 쇠퇴기에 들자 원나라의 지배로부터 벗어나려고 노력했다. 노국공주 역시 그런 남편을 지지하며 힘을 실어주었다.

그는 원에 종속되어 있던 고려의 주권을 회복하기 위한 다양한 개혁 정책을 펼쳤고, 북쪽의 영토를 넓히는 등 소기의 성과도 거두었다. 새롭게 태어난 명나라와의 협력을 펼쳐 요동의 원을 공략하기도 했다. 하지만 내부의 개혁으로도 벅찬 시기에 외부는 원명 교체기로 혼란했고 왜구까지 침입해, 그야말로 내우외환이었다. 이 시기에 맹활약을 펼치며 두각을 나타낸 장수가 최영과 이성계였다.

하지만 계속되는 외부 세력의 침입으로 고려의 국력은 소모되었고 결국 홍건적에게 고려의 수도인 개경을 내주기도 했다. 이때 공민왕은 어쩔 수 없이 남쪽으로 피난을 떠났다. 철들 무렵부터 10년 동안 강대국의 볼모로 살아온 세월 속에서 공민왕은 어느 나라에도 침범과 간섭을 허락하지 않는 강대국을 꿈꾸었을 것이다. 그랬던 그가 수도까지 내주고 떠나는 길에 얼마나 통탄했을까.

중원의 땅 충주를 상징하는 위대한 문화유산

하늘재로 향하는 597번 지방도를 타고 충주 미륵대원지 주차장까지 가는 숲길은 멋스럽기 그지없다. 숲을 가로지르는 2차선 도로는 느리고 비밀스러우며, 안개 자욱한 도로의 끝은 고요함으로 가득하다. 597번 지방도 드라이브는 수안보에서 출발해 월악산으로 방향을 잡으면 아늑한 숲길이 이어지는데, 왼편으로는 북바위산, 오른쪽은 조령이다. 차창을 열고 달리면서 마음껏 심호흡을 해보자.

하늘재로 향하는 길목, 월악산 준봉으로 둘러싸인 산골짜기에 조성된 미륵대원지는 베일에 싸인 폐사지廢寺址다. 건물의 흔적은 간

579번 지방도를 타고 가면 미륵대원지를 만날 수 있다.

데없고 주춧돌들만이 어지러이 흩어져 있는 절터는 대개 애잔한 마음이 들기 마련이지만, 미륵대원지는 그렇지 않다. 미륵불(보물 제96호), 5층 석탑(보물 제95호)과 석등, 큼지막한 귀부(거북 모양의 비석 받침돌)와 당간지주 등이 어우러진 풍경은 여느 대찰 못지않은 볼거리로 충만하다. 쓰러져 누운 당간지주에도, 마구잡이로 놓여 있는 주춧돌에도 마음을 사로잡는 매력이 있다. 특히 보물 제96호로 지정되어 있는 석조여래입상은 국내에서는 유일하게 북쪽을 바라보고 있는 불상이다. 신라 말 마의태자가 나라의 멸망을 서러워하며 이곳까지 와서 불상을 만들고 개골산으로 들어갔다는 전설이 서려 있다. 아쉽게도 이 불상은 현재 보호석실 해체 보수 작업이 한창이

미륵대원지의 귀부(상). 5층 석탑 뒤의 석조여래입상과 석굴사원은 현재 보수 공사 중이다(하).

라 가까이에서 볼 수 없다.

소백산맥을 넘는 하늘재의 들머리였던 미륵대원은 순수 불교 사찰의 성격 외에도 소백산맥을 넘나들던 관리와 말들이 쉬어가던 숙소 기능을 해온 것으로 짐작된다. 황건적의 침입으로 몽진했던 공민왕과 노국공주의 피난 행렬 또한 이곳에 머물며 고단한 몸을 쉬어가지 않았을까? 정확한 기록이 남아 있지 않으니, 그저 짐작해볼 뿐이다. 미륵대원지 옆에는 역원驛院 터가 아직까지 남아 있다.

때 묻지 않은 자연과 오롯이 마주하는 기쁨

미륵대원지를 오른편에 끼고 5분 정도 걸으니 '하늘재'라고 커다랗게 적힌 비석이 길을 일러준다. 여기서부터가 실질적인 들머리다. 이름에 '하늘'이 들어가지만, 실제 고갯마루의 높이는 해발 525미터로, 그리 높은 편이 아니다. 오르는 길도 험하지 않아 천천히 걷기에 더할 나위 없이 좋다. 장승의 배웅을 뒤로하고 오르다 보면, 구름다리 앞에서 다시 한번 길이 양쪽으로 갈라진다. 왼쪽 구름다리 너머로는 상대적으로 좁은 역사·자연관찰로가 이어지고, 오른쪽

국가에서 경영하던 여관인 역원의 흔적이 이곳 하늘재에 남아 있다.

은 일반 등산로다. 두 길은 얼마 뒤 다시 만나 합쳐진다. 약 3.5킬
로미터의 오솔길을 따라 정상까지 가는 길은 유순하다. 푹신한 흙
길은 평지에 가까울 정도로 경사가 완만하다. 운치 가득한 이 길의
나이가 2000년이 다 되어간다고 생각하면 경이로움마저 느껴진다.
길은 내내 전나무, 떡갈나무, 소나무 등이 울창한 숲을 이루고 길가
의 들꽃들이 걷는 이들을 반긴다. 송계 계곡의 맑은 물소리와 끊임

없이 지저귀는 새소리가 온몸을 휘감는 듯하다.

하늘재에는 아기자기한 길이 많아 산책자에게 더욱 풍성한 느낌이 들게 한다. 특히 피겨스케이팅을 하는 모습을 연상시켜 '김연아 닮은 소나무'라는 별칭이 붙은 나무를 비롯해 연리목, 친구나무 등 특이한 모양의 나무들이 숲길을 걷는 재미를 더해준다.

월악산의 신성한 기운이 느껴지는 고갯마루

미륵대원지를 나서 한 시간 남짓 걸으면, 오솔길이 끝나는 지점에서부터는 넓게 뻗은 아스팔트 길이 곧바로 문경 관음리로 연결된다. 서쪽으로는 해발 1,115미터의 문경 대미산 정상이 시야 안에 아스라이 들어온다. 나무 계단을 올라 정상에 도착하자 '백두대간 하늘재'라는 글씨가 새겨진 커다란 기념비가 세워져 있는 평지가 나타난다. 그곳에 발을 디디면 눈앞에 펼쳐지는 풍경에 입이 절로 벌어진다. 우뚝 솟은 기암절벽의 아름다운 월악산경月岳山景을 바라보고 있노라면 명산의 기운이 느껴져 저절로 심호흡을 하게 된다. 팔을 뻗으면 금방이라도 활짝 열린 하늘의 끝자락이 손에 닿을 듯하다.

정상이라고 해봐야 해발 525미터에 불과한 이곳이 왜 '하늘재'라는 이름을 당당히 꿰찼는지 알게 되는 순간이다.

이곳에서는 문경 방향으로 시원하게 트인 절경도 함께 감상할 수 있는데, 공민왕과 노국공주 역시 피난길 중에 이곳의 아름다운 풍경에 잠시나마 마음의 위안을 얻지 않았을까 짐작해본다.

죽어서도 나라의 기운에 묶였던 왕의 책무

#영녕릉 #세종 #효종 #천장릉 #여주

조선왕릉은 2009년 유네스코 세계문화유산에 등록된 우리 소중한 문화유산이다. 조선 최대 왕릉군으로 조선을 세운 태조의 능을 비롯해 아홉 기의 능이 있는 동구릉, 일산에 모인 다섯 기의 능 서오릉 등 왕릉군을 포함한 모든 왕릉은 서울과 수도권에 분포되어 있다. 이는 《경국대전》에 '능역은 도성에서 10리(약 4km) 이상, 100리(40km) 이하의 구역에 만들어야 한다'는 규정이 있었기 때문이다. 한편 왕릉군이 아니라도 부자지간이 함께 자리한 왕릉도 종종 있다. 사도세자와 아들 정조를 모신 융릉과 건릉은 나란히 있어서 융건릉이라 부르며, 고종과 아들 순종을 모신 홍릉과 유릉도 붙어 있어서 홍유릉이라고 붙여서 부른다. 성종과 아들 중종 역시 서울 강남에 함께해 선정릉이라고 한다. 그런데 《경국대전》에서 정한 규칙에서 한참 더 먼 곳에, 부자지간도 아닌 왕이 나란히 묻힌 능이 있다. 바로 세종과 효종을 모신 영녕릉이 그곳이다. 이는 이들이 본래 그 자리에 묻힌 게 아니라 규정에 따라 묻혔지만, 사정이 있어 후손에 의해 천장된 능이라서 그렇다.

조선 시대에는 풍수지리를 유독 중요하게 여겨 장지는 배산임수 등 기본적인 명당의 조건을 갖춘 곳에 조성했다. 조선의 최대 왕릉군 동구릉은 무학대사가 직접 터를 발견하고 정했다는 이야기로 유명하다. 묏자리는 후손에 영향을 미친다고 하여 이장하는 경우도 종종 있었다. 왕의 무덤이 흉하면 국운이 기운다고 하니, 조선의 왕릉 중 아홉 기가 천장릉이라는 점도 이런 기준에서 보면 이해가 간다. 죽어서도 수호신이 되어 무덤에서 국가를 지킨 왕릉의 사연을 살펴보자.

세종과 효종, 조선의 두 왕이 잠든 곳으로 향하다

아름다운 자연과 역사, 문화가 어우러진 경기도 여주에는 세종대왕과 효종대왕이 영면해 있는 영릉이 나란히 자리하고 있다. 능에 올라 세상을 바라보면 복닥복닥한 삶은 온데간데없고 그저 고요한 풍경이 펼쳐질 뿐이다. 세종과 효종의 능 사이에는 오래된 숲길이 이어진다. 경건하고 엄숙하며, 푸르러서 더 아름다운 숲길. 그 길을 따라 걷다 보면 어느 순간 모든 걱정이 사라진다.

여주 능서면 왕대리에 위치한 두 개의 능, 영릉英陵과 영릉寧陵. 영릉英陵은 세종대왕의 능이고 영릉寧陵은 효종대왕의 능이다. 두 영릉은 각각 입구가 다르면서 야트막한 숲길로 이어져 있다. 어느 쪽에

왕의 무덤은 후세에도 기운을 미친다 해서 풍수지리상 명당에 자리잡았다.

서 들어가든 숲길을 따라 두 영릉을 모두 만날 수 있는 구조로 되
어 있지만, 현재는 세종대왕릉이 정비 공사 중이라 관람을 제한하
고 있다(2020년 말까지 공사 예정이다).

　흔히 '배산임수背山臨水'라고 해서 뒤로는 산을 등지고 앞으로는 물
을 내려다보는 지세를 갖춘 터를 명당이라 하는데, 이곳은 조선의
두 왕을 모신 자리니 명당 중의 명당이 틀림없었다. 왕릉이 자리하

게 되자 당시의 이곳 지명이었던 여흥군은 인접해 있던 천령현川寧縣과 합쳐져 현재의 이름 '여주'로 승격되었다고 한다. 효종대왕릉으로 향하는 길은 세상과는 단절된 듯한 느낌의 고요함이 마음을 편안하게 해주고 키 크고 늠름한 나무 그늘 아래 서 있는 것만으로도 충분한 휴식이 되는, 홀로 걷기에는 최적의 장소다.

간결하고 소박하면서도 한없이 고즈넉한 아름다움

입구를 지나면 가장 먼저 만나게 되는 효종대왕릉 재실은 방문자에게 고즈넉함을 선사한다. 재실은 제관의 휴식, 제수 장만, 제기 보관 등 제사 기능을 수행하기 위한 능의 부속 건물인데, 이곳 효종대왕릉 재실은 유난히 간결하고 소박하면서도 짜임새가 느껴지는 구조를 갖추고 있어 산책자의 마음을 끈다.

재실 입구를 지나 중문에 들어서면 규모가 그리 크지 않으면서 아늑한 느낌의 마당이 펼쳐진다. 이어서 마당 한쪽에 깊게 뿌리박힌 커다란 느티나무와 독특한 결을 가진 향나무가 눈길을 사로잡는다. 또 생물학적 가치와 역사적 가치를 인정받아 2005년 천연기

조선왕릉 재실의 기본 형태가 비교적 잘 남아 있는 효종대왕릉 재실(보물 제
1532호).

넘물 제459호로 지정된 회양목은 전국에 있는 회양목 중 키가 가
장 큰 보기 드문 노거수라고 한다. 조선왕릉 대부분의 재실은 일
제 강점기와 6·25 전쟁을 거치면서 원형이 훼손된 경우가 많지만,
이곳은 조선왕릉 재실의 기본 형태가 아직까지 잘 남아 있을 뿐 아
니라 공간 구성과 배치가 뛰어나 현재 보물 제1532호로 지정되어
있다.

하나의 언덕 위에 나란히 자리한 왕과 왕비의 무덤

　재실에서 조금만 더 올라가면 효종대왕릉이 시야에 들어온다. 정
자각을 두고 금천교를 지나 왕릉의 주인이 있는 세계로 발을 디딘
다. 능이 있는 곳까지 오르는 길은 파란 하늘과 초록의 대지가 조
화를 이뤄 아름답기 그지없다. 그 풍경에 매료되어 감탄사가 절로
쏟아진다. 효종대왕릉은 왕과 왕비의 능을 합장하지 않고 하나의
언덕에 위아래로 봉분을 배치한 동원상하릉 양식을 취하고 있다.
즉 언덕 위쪽에는 효종대왕이, 아래에는 인선왕후가 있다.

　효종은 고단한 역사를 살았던 임금이다. 인조의 둘째 아들로 태
어난 효종은 우리에게 봉림대군이라는 이름으로도 익숙하다. 병자
호란 이후 소현세자와 함께 청나라에 볼모로 가서 8년을 살았던 봉
림대군은 귀국 후 소현세자가 갑자기 사망하자 조선의 제17대 왕이
되었다. 비록 준비된 왕은 아니었지만 대동법을 실시하고, 상평통보
를 주조해 화폐 개혁을 하는 등 전후 개혁과 안정의 의지를 보였다.
하지만 그 역시 재위 10년 만에 갑자기 세상을 떠나고 말았다.

　효종대왕릉은 봉분 좌우에 석양과 석호 두 쌍씩 여덟 마리를 배
치해 능을 수호하는 형상을 띠고 있다. 봉분 앞 낮은 단에 문인석

효종대왕의 능을 수호하는 문·무인석(좌). 효종의 능에서 내려다본 인선왕후의 능과 정자각(우).

한 쌍을, 가장 아랫단에는 무인석 한 쌍을 세우고 문·무인석 뒤에 석마를 두었다. 효종대왕릉에서 인선왕후의 능을 바라보면 무덤을 지키는 석상과 봉분이 겹쳐 보이고 그 아래 정자각이 내려다보인다.

울창한 소나무들이 우거진 비밀의 숲을 만나다

효종대왕릉에서 세종대왕릉으로 가기 위해서는 소나무 숲이 울창한 '왕의 숲길'을 따라 걸으면 된다. 《조선왕조실록》에는 1688년 숙종, 1730년 영조, 1779년 정조가 직접 행차해 효종대왕 영릉을 먼저 참배한 후 이 길을 이용해 세종대왕 영릉을 참배했다는 기록이 있다. 숲길은 약 700미터에 달하며 약간의 언덕을 오르는 코스이지만, 소나무와 참나무가 촘촘히 들어서 있어 삼림욕을 즐기는 기분으로 산책하기에 좋다. 계절마다 피는 꽃과 함께 저마다 모양이 다른 나무들을 감상하는 즐거움도 크다. 하늘을 향해 힘차게 솟아오른 키다리 나무가 있는가 하면, 왕릉을 향해 고개를 숙인 형상의 나무, 마치 춤을 추듯 구불구불한 나무까지 모양도 멋도 제각각이다.

이 길은 연중 5월부터 10월까지만 일반에 개방한다고 하니 알아두자. 또 하나, 길 초입에는 '멧돼지 출몰 지역'이라는 경고 문구가 붙어 있는데, 사람이 드문 길을 홀로 걷다 보면 그 문구가 한 번씩 신경이 쓰일 수도 있다는 점을 미리 밝혀둔다.

왕의 숲길로 대략 20여 분 정도를 천천히 걸으면 세종대왕릉에 도착한다.

세종대왕릉은 조선 제4대 임금 세종과 소헌왕후의 능으로, 하나의 봉분 아래 석실 두 개를 붙여 왕과 왕비를 함께 안치한 조선왕릉 최초의 부부 합장릉이다. 세종대왕릉 역시 효종대왕릉과 마찬가지로 능침 가까이까지 접근할 수 있도록 개방하고 있다. 세종대왕릉은 효종대왕릉에 비해 조금은 단출한 모습이다. 능 주위에는 능을 지키는 문인석 2기와 무인석 2기가 있고, 석양과 석호들이 능을 둘러싸고 있다. 무인석은 말보다 훨씬 크게 만들어 위엄이 느껴지

오래된 소나무들 사이로 구불구불 아름답게 이어지는 여주 왕의 숲길.

조선왕릉 최초의 부부 합장릉, 세종대왕릉에는 혼유석 두 개가 나란히 놓여
있다.

며, 하나의 봉분에 두 개의 혼유석이 놓여 있어 이곳이 합장릉임을
말해준다.

　세종대왕릉의 정비 및 복원을 위해 2017년부터 시작된 공사는
2020년 말에 완료될 예정이어서 현재 세종대왕릉은 아쉽게도 관람
할 수 없다. 세종대왕릉을 관람하지 못하는 아쉬움은 세종대왕역
사문화관에서 달래보자.

2017년 5월 정식 개관한 세종대왕역사문화관은 세종대왕릉 주차장 초입에 위치하고 있다. 이곳은 세종대왕과 효종대왕의 생애부터 주요 업적 그리고 유네스코 세계문화유산으로 등재된 조선왕릉에 관한 전시까지 다양한 볼거리를 관람객에게 제공하고 있다. 뿐만 아니라 세종대왕이 후손들에게 남긴 훌륭한 업적과 그 업적의 바탕이 된 애민정신을 느껴볼 수 있도록 꾸며져 있다. 이 밖에도 조선 시대 왕과 공주가 쓴 한글 편지, 인선왕후의 어보, 효종 대에 표류한 네덜란드인 하멜Hamel의 이야기도 전시되어 있어 공간 전체가 흥미로운 볼거리, 읽을거리로 가득하다.

조선의 국운을 100년 더 연장한 천하의 명당

이 두 영릉은 이름 외에도 공통점이 하나 더 있는데, 바로 자리를 한번 옮긴 천장릉이라는 점이다. 세종의 능은 원래 아버지인 태종의 헌릉(서울시 서초구 내곡동) 근처에 있었지만, 묏자리를 정할 당시부터 풍수가가 "장남을 잃을 자리"라고 반대했었다. 이후 세종의 장남 문종이 서른아홉 살에 요절하고, 그의 아들 단종 역시 열일곱

세종대왕에 대해 더 알고 싶다면 주차장 초입에 있는 세종대왕역사문화관을 들러보자.

에 비극적으로 갔다. 이후 세조와 예종의 장남도 요절하자, 예종이
천장을 결정해 현재의 자리에 이르렀다.

앞을 내다보면 북성산이 바라다보이고, 뒤로는 칭성산을 두고 있
는 이곳은 원래 정승을 지냈던 이인손의 무덤이 있던 자리였는데,
예종 원년(1469년)에 헌릉에 있던 세종대왕릉을 옮겨왔다. 당시 지
관과 풍수지리가들 사이에서는 영릉을 여주로 옮긴 이후 조선의 국
운이 100년이나 더 연장되었다는 의미의 '영릉가백년英陵加百年'이라
는 말이 생겨났을 정도로, 이곳을 천하의 명당으로 꼽았다고 전해
진다.

한편 효종은 본래 우리나라 최대 왕릉군인 동구릉에 안장되어
있었는데, 왕릉 석물에 금이 가면서 능 안에 빗물이 스며들 수 있
다는 우려에 따라 현종 14년(1673년)에 지금의 자리로 옮겼다.

예나 지금이나, 사람 사는 모습

익선동이나 을지로 같은 복고 감성이 있는 장소가 인기를 끄는 것을 보면,
우리는 확실히 세련되고 미래 지향적인 것을 좋아하는 만큼이나
역사가 있고 이야기가 있는 곳을 좋아한다.
군이 수백 년 된 역사적 장소가 아니더라도 전 세대 사람들의 생생한 흔적은
그 시절과 연결되어 있다는 특별한 느낌을 준다.
우리가 자주 찾는 요즘의 핫 플레이스를 살펴보고
그 시절을 마음껏 느껴보자.

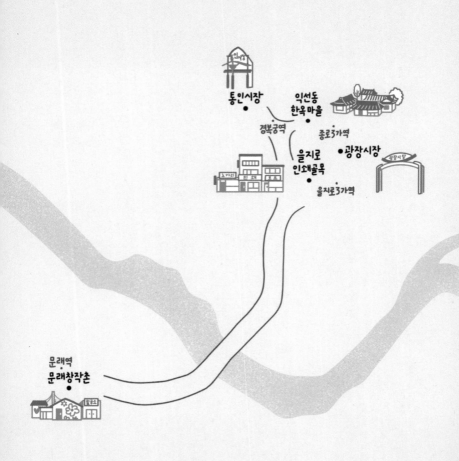

통인시장

익선동
한옥 마을

경복궁역

종로3가역

광장시장

을지로
인쇄골목

을지로3가역

문래역
문래창작촌

철강 골목, 창작 예술촌으로 변신하다

#문래동 #경성방직 #철강산업 단지 #창작 예술촌

을지로의 인쇄 골목, 대학로의 소극장, 종로의 귀금속상가…. 오래된 골목들은 저마다의 특징을 가지고 있다. 그런 골목들 가운데는 산업의 흥망성쇠에 따라 새로운 모습으로 변신을 시도하는 곳도 있다. 공단이 형성되어 있던 구로 일대는 첨단산업의 메카로 변신했고, 청계천 일대는 오래된 고가도로를 철거해 서울 시민은 물론 해외 관광객의 사랑을 받는 산책길이 되었다.

오래된 거리들은 조금씩 변해간다. 그리고 그 모습을 지켜보는 방문객들도 새로운 기대감과 즐거움을 만끽한다. 일제가 지은 단지형 주택들이 대형 공장으로 변신해 화려한 20세기를 보낸 문래동도 시대의 흐름과 함께 변하고 있다. 철강 골목에서 예술가들의 공방으로 거듭난 문래동의 변신을 과거부터 시간 순서대로 하나씩 살펴보자.

별명은 서너 개

문래동은 오래전부터 여러 개의 이름을 가졌다. 그 이름들을 살펴보면 이 지역의 특성을 한눈에 파악할 수 있다.

155

철강 골목에서 예술촌으로 변신한 문래동 전경.

모랫말

아주 오래전 이 일대는 모랫말이라 불렸다. 안양천과 도림천의
영향으로 모래가 많은 마을이었기 때문이다. 훗날 불리게 된 이름
'문래'는 과거 별명처럼 불리던 '모랫말'에서 음차했다는 설이 가장
유력하다.

그 밖에도 문익점이 목화를 전래한 곳이라는 뜻의 '문래'라는 설,

학교와 관공서가 많아지자 글이 온다는 뜻에서 문래文来라 불렀다는 설, 방적기계인 물레의 발음을 살렸다는 설 등이 있다.

인천부 금천군 상북면 / 경기도 시흥군 상북면 사촌리

서울 한복판인 문래동이 왜 인천이고 경기도일까? 현재 문래동 일대는 구한말에는 인천이기도, 경기도이기도 했다. 1895년에는 인천부 금천군 상북면, 1896년에는 경기도 시흥군 상북면, 1914년에는 경기도 시흥군 북면 도림리로 명칭이 계속 바뀌다가 1936년에 경성부로 편입되며 경기도가 아닌 서울로 편제되었고 영등포 출장소 관할의 도림정이 되었다.

사옥정, 사옥동

1930년대 이 근방에는 경성방직공장을 비롯해 종연鐘淵, 동양東洋 등 면직물 공장들이 많이 들어서면서 방직업이 성업을 이뤘다. 이 때문에 실 사絲 집 옥屋자를 써 일본인들에 의해 사옥정이라 불렸고, 1946년 사옥동이 되었다가 1952년 문래동으로 개칭되었다.

오백채

1940년대 방직공장의 노동자들을 위해 지었던 영단주택이 대략 500채가량 된다는 데서 비롯된 이름이다. 문래동4가 일대를 오백채라 불렀으며, 동명의 식당이 지금까지 영업을 이어오고 있기도 하다. 공장 노동자와 일본인 간부들을 위해 지었던 영단주택들은 이후 서민들의 소중한 집터가 되어주었다.

신토불이의 시초, 경성방직공장

문래동의 이름과 함께 역사를 살펴보다 보면 유독 실이나 천과 관련된 유래가 많다는 것을 알 수 있다. 문익점의 목화, 물레, 방직공장과 그 노동자들을 위한 주택까지. 그중에서도 지금까지 그 자리에서 명맥을 이어오고 있는 것이 경성방직주식회사다.

1919년 창업한 경성방직은 물산장려운동을 언급할 때 빠지지 않는 곳이다. 물산장려운동이란 일제 강점기에 일본 기업들이 조선에 진출하려는 것에 위기를 느낀 조선 기업가들을 중심으로 시작된 운동으로, 한마디로 말하면 우리가 만들어서 우리가 쓰자는 '신토

일제 강점기 물산장려운동을 독려하는 경성방직의 신문광고.

1936년 설립된 경성방직의 사무동은 영등포 타임스퀘어 부지에 여전히 자리하고 있다.

불이身土不二'와 비슷한 개념이다. 경성방직은 신문에 광고를 하는 등 물산장려운동에 적극적으로 참가했다.

1920년 영등포에 공장부지 약 1만 6,530제곱미터(5,000평)를 구입하고 본사 사옥 등 건물을 지어 올린 경성방직은 고무, 광목, 직포 등을 생산하며 성업을 이어갔다. 이후 다양한 사업에 진출해 '크로바'라는 상표의 타자기를 생산하기도 했고 현재의 타임스퀘어 위치에서 경방필백화점을 개장해 백화점 사업을 하기도 했다.

타임스퀘어 부지 안쪽에는 경성방직의 사무동이 자리하고 있다. 1936년 세워진 건물의 모습을 그대로 간직한 이 건물은 건축사적 가치를 인정받아 2004년 등록문화재로 지정되었다. 6·25 전쟁의 폭격에도 살아남았지만 단지 내 재개발 공사를 진행하며 2009년에 이전해 복원 공사를 거쳤고 지금은 카페로 이용되고 있다.

방직공장이 철공소가 되기까지

방직과 오랜 인연을 이어온 문래동은 6·25 전쟁 이후 '철강 골목'으로 본격적인 변신을 시작한다.

1962년부터 1966년까지 정부는 전력, 석탄 등의 에너지원을 확보하고 사회 간접 자본을 충실히 하고자 제1차 경제개발 5개년 계획을 추진한다. 이로 인해 철공소, 자재 유통업체, 상가와 공장이 자리한 산업 단지가 전국 각지에 개발된다. 그런데 서울에서는 왜 문래동이었을까? 문래동은 노량진과 인천의 사이에 위치해 있는데, 이는 일본이 군수물자를 보급하기 위해 철길을 만들었던 인천 제물포역부터 서울 노량진역까지 이어지는 경로와 일치한다. 다시 말해 문래동은 본래 일본이 제2차 세계대전을 일으킨 시점에 군수물자를 보급하기에 적당한 위치였고, 이런 이유로 철공소가 해방 전부터 하나둘씩 생겨나게 되었다.

또 한 가지 이유는 청계천 상권의 쇠락이다. 해방을 전후해서 청계천 일대에는 철공소와 공구 상점이 많이 있었다. 서울의 인구가 급격히 증가한 1950년대 후반 잦은 범람과 악취로 청계천이 대대적인 복개 공사에 들어가자 갈 곳을 잃은 상인들이 거대 방직공장이 위치한 문래동으로 터를 옮긴 것이다. 방직공장은 물론 주택가까지 하나둘 철공소와 관련 상가들로 모습을 바꾸었다. 문래동은 '철강 산업 단지'로 거듭나며 서울의 대표적인 기계금속 가공 단지로 성장해 국가 경제 발전의 심장부 역할을 했다. 문래동의 역사는 대한민

지금도 여전히 성업 중인 문래동 철공소 골목.

국 철강산업의 역사라고 해도 과언이 아니다. 가장 먼저 문을 연 곳
은 1955년 설립된 삼창철강이며, 뒤이어 영흥철강과 영등포철강이
설립됨으로써 철강 3인방 시대를 열었다.

예술가들의 등장이 가져온 변화

대기업 대리점부터 표면처리업체, 제조업체, 시어링·절단 등 가공 업체에 이르기까지 약 800여 개의 업체가 문래동에서 여전히 철강업을 이어가고 있지만, 중국산 제품의 대량 유입과 제품 가격 하락 등으로 과거의 영광에는 미치지 못한다. 문래동 상권에 힘이 조금씩 빠지자 그 틈을 타서 홍대, 대학로 등의 비싼 임대료를 견디지 못한 예술가들이 이곳에 하나둘 모여들기 시작했다. 덕분에 문래동은 '문래 창작 예술촌'이라는 또 하나의 새로운 이름을 얻었다. 2010년 서울문화재단은 이곳에 문래예술공장을 세우고 예술가 유치에 본격적으로 나섰다.

현재 예술인 300여 명이 작업실 100여 곳에 흩어져 활동하고 있는데, 이들의 공방은 오래도록 문래동을 빛낸 낡은 철공소와 비슷한 듯 대조적인 조합을 선사한다.

예술가들의 등장으로 거리에 활기가 돌자 상권도 점차 변화하기 시작했다. 기존 공장의 외관을 그대로 유지한 채 내부만 살짝 손봐서 각종 식당, 퍼브, 카페가 생겨난 것이다. 공장 밀집 지역이었던 문래동 특유의 투박한 이미지를 잘 살린 인더스트리얼 무드의 인테

문래동은 예술가들의 등장과 함께 철공소의 외관을 가진 카페, 식당들도 생겨나 거리가 활성화되고 있다.

리어는 젊은 층의 발길을 확실히 사로잡았다.

홍망성쇠는 있을지언정, 도시가 죽는 일은 없다. 도시는 사람과 함께 살아가고 변해간다. 방직물의 도시에서 철강 단지로, 다시 예술가들의 공간으로 태어난 문래가 앞으로 어떻게 변해갈까? 기대와 기다림은 우리의 몫이다.

한옥, 가장 핫한 트렌드가 되다

#익선동 #한옥마을 #정세권 #오진암 #뉴트로

한양도성 안쪽의 중심지를 꼽아보라면, 두말할 것 없이 종로다. 조선 시대부터 번화가로 오랫동안 사랑을 받아왔을 뿐만 아니라, 주중에는 외국어를 배우러 드나들고 주말이면 영화 관람 같은 문화생활을 비롯해 음주가무를 즐길 수 있는, 20세기 말의 젊음을 대변하는 거리였다.

그런 종로가 2000년대 이후 강남, 홍대 등에 그 영광을 차례차례 내어주고 있다. 오랫동안 사람들의 사랑을 받던 도시의 쇠락을 지켜보는 마음은 안타깝다. 그런데 요즘 소위 말하는 '레트로'의 유행과 함께 젊은 사람들을 중심으로 종로가 다시 주목받고 있다. 한옥으로 뜨고 있는 익선동 이야기다.

서울에서 가장 오래된 한옥마을

지금의 종로구 익선동 자리에 있던 마을 '익동'의 앞글자 '익'과 조선 시대 행정구역을 지칭하는 한성부 중부 '정선방'의 '선'을 따 이름을 지은 익선동. 1914년에 동 이름을 지을 때 '예전보다 더 좋은'이라는 뜻으로 붙인 이름이라는 주장도 있다. 1920년대에 주택난을 해

한옥이 빼곡한 익선동 전경.

결하기 위해 조성한 한옥 단지로 국민의 삶의 터전이 되어주었고,
1970~80년대에는 고위 관리직들을 접대하는 '요정 정치'의 중심지
이기도 했다. 요즘은 100년 된 기와집마다 독특한 매력을 발산하는
핫 플레이스로 떠올라 젊은이들까지 즐겨 찾는 곳이 되었다.

지금까지 서울에 남아 있는 한옥마을은 익선동을 비롯해 서촌,
북촌, 남산골 등이 있다. 1920년대 독립운동가이자 부동산 개발업

자였던 정세권이 개발한 도시형 한옥 단지인 익선동은 그중에서도 가장 오랜 역사를 자랑한다. 지하철 종로3가역 4번 출구 맞은편에 자리 잡고 있는 이곳에는 현재 약 110여 채 정도의 한옥이 남아 있으며, 일부 한옥에는 주민들이 여전히 거주하고 있고 일부는 식당, 카페, 상점 등으로 개조되었다.

정세권은 건물을 짓는 건축가이자 도시를 새롭게 기획했던 개발자다. 그는 조선 시대에 옥상에 정원을 만들 만큼 열린 사고를 가진 선구자였다. 옥상 정원은 조선 시대까지만 해도 우리나라의 건축과 인테리어 역사상 찾아볼 수 없는 혁신적인 양식이다.

그는 왜 익선동을 한옥 주택 단지로 개발했을까?

일제 강점기 주택난에서 한옥을 지킨 주역

경남 고성에서 태어난 정세권은 어려서부터 백일장에서 장원을 하고 사범학교 3년 과정을 1년 만에 수료하는 등 두각을 나타낸 수재였다. 20대 초반에는 서울로 상경해 건설회사 '건양사'를 설립하고 건축 및 부동산 개발업으로 크게 성공한다.

정세권 가족사진(왼쪽 남자). 정세권은 일제 강점기에 전통 한옥을 지켜낸 인물
이다(좌). 그가 보급한 익선동 한옥 골목(우).

그는 자신의 사업만 성공시킨 것이 아니다. 중하층 계층의 주택
난을 해결하기 위해 지금의 주택 담보 대출과 비슷한 형태를 강구
해 문인과 지식인층뿐 아니라 서민들이 집을 구하는 데 어려움을
겪지 않을 방법에 대해 끝없이 고민했고, 사업으로 성공하자 그 자
금을 활용해 독립운동에도 적극 참여한다.

일본의 지배를 받던 1910년 경성부(서울)의 인구는 30만 명에 미
쳤다. 하지만 약 20년 만인 1939년에는 80만 명에 육박할 정도로
인구가 급격히 증가했다. 남쪽 지역에 주로 거주하던 일본인을 모두
수용할 수 없게 되자 총독부가 청계천 북쪽으로 일본인의 세력 확
장을 주도했기 때문이다. 이 사건은 북쪽 지역의 엄청난 주택난으

로 이어졌다. 그뿐만 아니라 조선인의 주거 지역이 일본인에게 밀려날 위기에 몰렸다. 이때 발 벗고 나선 인물이 바로 정세권, 김종량, 이민구 등 우리 건설업자들이다. 이들은 민간 주택 건설 사업에 진출해 일본인들이 북촌 지역으로 주거지를 확장하는 것을 막았다. 정세권과 건설업자들의 이런 노력이 없었다면 청계천 북쪽에는 한옥보다 적산 가옥이 더 많이 남아 있었을 것이다.

이들은 누동궁(철종이 태어난 곳)의 터였던 166번지, 완화군의 사저였던 33번지를 매입해 개발을 시작했다. 익선동뿐 아니라 삼청동, 가회동, 창신동, 휘경동 등 민간 주택 건설 사업을 통해 도성 안팎으로 한옥 2,000채를 보급했다. 1929년 〈경성편람〉에서 밝힌 바에 따르면 매년 300여 가구의 주택을 신축했다고 하니 그 규모가 얼마나 컸는지 가늠할 수 있다. 특히 익선동의 한옥은 서민을 위해 개발된 보급형 한옥으로, 부자들이 살던 북촌의 한옥과 대조가 된다. 전통 한옥이 아닌 한옥과 양옥의 중간 단계인 도시형 한옥이다. 이렇게 서민들이 살던 익선동은 시간이 흘러 1970~80년대에는 요정 정치의 중심이 된다.

서울 3대 요정 '오진암'

1900년대 초, 국가 소속의 공인 예술가였던 관기 제도가 폐지되자 궁중의 기녀들이 가무 영업 허가를 받고 유흥 음식점들을 만들기 시작했다. 이후 일본의 영향을 받아 술과 요리를 먹으며 기생들의 가무를 즐길 수 있는 '요정'들이 하나둘 탄생한다. 1920년대 한옥 단지가 들어서고 서민들의 주거공간으로서의 역할에만 충실했던 익선동 한옥마을에도 1950년대에 들어 요정이 나타나기 시작한다. 삼청각, 대원각과 함께 서울 3대 요정이라 불리며 익선동을 대표했던 요정 '오진암'의 이야기다. 마당에 큰 오동나무가 있다고 하여 오진암이라 이름 붙여진 이곳은 1900년대 초반에 지어진 한옥으로, 1953년 요정으로 개업했다. 당시 서울시 1호 등록 식당이었다고 한다.

요정은 주로 칸막이 방으로 이뤄져 있어 밀실 접대의 온상이 되었는데, 인사 청탁과 돈거래뿐 아니라 성 접대까지 성행했던 것으로 알려져 있다. 1970~80년대에는 정관계의 최고 실력자들이 자주 모습을 비추며 '요정 정치'라는 단어가 생겨났을 정도다. 오진암도 '장군의 아들' 김두한의 단골집으로 유명세를 치렀고, 1972년에는

2010년 오진암이 철거되고, 그 자재는 부암동으로 옮겨져 2014년 전통문화공간 '무계원'으로 다시 태어났다.

이후락 중앙정보부장과 북한 박성철 부수상이 만나 7·4 남북공동성명을 사전 논의하는 등 한국 현대사의 한 페이지를 장식했다.
우리나라의 경제가 송두리째 흔들린 1997년 외환 위기 무렵부터 요정을 찾는 발길은 서서히 줄어들었다. 제 목숨 건사하기에도 바뻘 만큼 경제적으로 어려웠던 시기이기도 하고, 청렴 사회로 가고자 하는 분위기가 퍼져나가며 비일비재했던 접대 문화가 서서히 그림자 속으로 그 모습을 감췄기 때문이다. 경제가 회복된 이후에는 강남 일대에 룸살롱 문화가 등장하면서 접대와 유흥의 흐름에 따라가지 못한 요정들은 서서히 밀려나게 되었다.

뉴트로의 성지, 종로의 작은 섬

시간은 흘러 2004년, 익선동 한옥마을을 주상 복합 단지로 재개발하려는 움직임이 일었다. 과거 도시환경정비사업구역으로 지정되어 새로운 건축이 금지되었기 때문에 최소한의 보수를 통해 처음의 모습을 그대로 간직하고 있던 익선동 한옥마을이 신식 건축물로 뒤바뀔 위기에 처한 것이다. 다행히 주민들의 동의를 얻지 못해 재개발은 무산되었고, 덕분에 2016년 말 기준 153채의 한옥 가운데 119채가 1930년 이전에 지어진 보급형 한옥일 정도로 그 모습을 고스란히 간직한 상태다.

옛 모습을 간직한 고즈넉한 한옥마을은 매체를 통해 조금씩 이

한옥의 형태를 그대로 남기고 인테리어를 현대식으로 바꾼 익선동의 상점들이 핫플레이스로 떠오르고 있다.

름을 알리기 시작했고 2014년 무렵부터 카페, 식당, 공방 등의 아기자기한 상점들이 하나둘 들어서며 주거 지역이었던 익선동이 상업지역으로 변화하기 시작한다. 현재는 전체 한옥의 약 30퍼센트 정도만이 주거공간이고 나머지는 모두 상점일 정도다. 상점들은 익선동의 분위기를 잘 살릴 방법을 강구하던 끝에 사람들이 살던 한옥의 외관은 그대로 유지한 채 내부 인테리어만 살짝 바꾸는 방식으로 전통과 현대가 조화를 이룬, 서울의 다른 어디에서도 볼 수 없는 독특한 매력을 구축했다.

'새로움new'과 '복고retro'를 합친 신조어인 '뉴트로newtro'는 복고를 새롭게 즐기는 경향을 말한다. 주된 소비층은 복고를 직접 경험해 보지 못한 10대와 20대로, 한옥이 낯선 젊은 층에게 외관은 고즈넉한 한옥이지만 실내는 힙한 익선동의 분위기는 그야말로 취향 저격이다.

뉴트로 트렌드가 인기를 더해갈수록 익선동은 외국인들과 함께 가기 좋은 서울의 핫 플레이스, 데이트 명소 등으로 거듭나게 되었다. 주변의 높은 빌딩들 사이 낮은 한옥 단지가 남아 있는 모습이 마치 섬 같다고 해 '종로의 작은 섬' '과거의 섬' '한옥 섬' 등으로 불리며 그 인기를 더해가는 중이다.

세상을 찍어내던 인쇄 골목의 화려한 변신

#을지로 #노가리 골목 #인쇄 골목 #을지유람 #재개발

을지로를 걷다 보면 골목마다 끝없이 펼쳐진 상가 행렬을 볼 수 있다. 없는 게 없어 보일 정도로 가게 입구부터 빼곡히 차 있는 상품들을 보면 감이 오겠지만 이곳은 한 가지 분야를 아주 오래도록 탐구한 장인들이 이끄는 상점들이 밀집한 곳이다. 가족과 함께했던 소중한 기억들이 떠오르는 빈티지 카메라, 때로는 생계수단으로, 때로는 취미용으로 집마다 한 자리씩 차지했던 재봉틀, 형제들과 다툼의 원인을 제공했던 레트로 게임기 등 을지로가 아니면 더는 구경조차 하기 힘든 추억의 물건들을 살피다 보면 하루가 부족할 정도다. 오랫동안 시대에 뒤처진 듯한 느낌의 거리였던 이곳이 요즘에는 젊은 사람들로 넘쳐난다.

상인들은 어째서 을지로로 모여들었을까? 그리고 요즘 젊은이들이 다시 이곳을 찾는 이유는 무엇일까?

구리개에서 을지로가 되기까지

서울의 중심부를 가로지르는 도로 을지로. 전 구간에 지하철 2호선이 통과하고 1·3·5호선이 교차하는 교통 요충지이며 그에 따

없는 게 없는 상점들의 거리 을지로.

라 예부터 다양한 산업이 발달했다. 조선 시대에는 이곳의 진흙으로 된 낮은 언덕이 누런색을 띤다 해서 '구리개'라 불렀고 이후에는 같은 의미의 다른 이름인 '동현동' '황금정' 등으로 불렀다. 구리개라 부르던 시절 이곳은 의료산업의 중심지로 통했다. 백성의 병을 치료하는 국립병원이자 의녀의 교육기관이기도 했던 관청 혜민서를 시작으로 우리나라 최초의 서양의학 의료기관 제중원도 이곳에 위

조각 골목, 공구 거리 등 골목마다 전문상점들이 을지로를 구성하고 있다.

치했기 때문이다.

　광복 직후인 1946년 일본의 흔적을 한시라도 빨리 덜어내기 위해 '일본식 동명 정리 사업'이 진행되었는데, 이때 황금정黃金町: 고가네초 1목부터 황금정 7목을 을지로라고 이름 붙였다. 옆 동네인 본정本町: 혼마치 인근이 이순신 장군의 출생지였던 데서 유래해 장군의 호를 사용해 '충무로'가 되었는데, 여기에는 이곳에 거주하던 일본인의 기운을 몰아내고자 하는 의도도 담았다고 전해진다. 마찬가지로 을지로 역시 이곳에 자리를 잡았던 중국인들의 기운을 걷어내고자 살수대첩의 영웅 을지문덕 장군의 이름을 따왔다고 한다.

　의료산업이 쇠퇴한 이후 을지로에는 인쇄, 공구, 조명, 재봉, 타일 등 다양한 상권이 새롭게 등장하며 대한민국 산업화에 큰 공을 세웠다.

최초의 근대식 인쇄소 '박문국'과
계몽잡지 〈소년少年〉을 발행한 신문관 터

　서울의 인쇄산업을 이끈 을지로. 그 역사의 시작은 19세기 말로 거슬러 올라간다. 수신사로 임명되어 일본에 다녀온 한성부 판윤 박영효의 제안으로 1883년 우리나라 최초의 근대식 인쇄소 '박문국'이 설립된다. 신문을 통해 백성과 소통하고자 최초의 근대 신문 〈한성순보〉를 발간했지만, 그 내용이 신문이라기보다는 관보에 가까웠고 한문으로 쓰여 백성들에게 널리 퍼지지 못했다. 엎친 데 덮친 격으로 이듬해 말 일어난 갑신정변으로 박문국이 불타고 말았다. 교동의 왕실 건물로 이전하면서 〈한성순보〉는 〈한성주보〉로 복간되어 이어졌지만, 그마저도 신문 발행 경비가 충당되지 않아 1888년 7월 박문국은 결국 문을 닫고 말았다.

그로부터 정확히 20년 뒤인 1908년, 당시 18세였던 소년 최남선에 의해 출판사 '신문관'이 문을 연다. 신문관은 단행본을 시작으로 어학, 법정, 수학, 측량, 교육, 가정 서적은 물론 잡지까지 광범위한 출판 활동을 이어갔다. 이들의 가장 큰 업적은 우리나라 최초의 근대적 종합잡지이자 계몽잡지인 〈소년少年〉의 출간이다. 서양과 일본의 문명 상태를 알리는 방식으로 소년들의 모험심과 상상력을 자극해 새로운 지식 습득을 장려하며 큰 인기를 얻었지만, 1910년 국권 피탈과 함께 폐간되었다. 우리나라 출판 역사에 한 획을 그은 두 기관이 연달아 을지로에 자리하면서 이후 을지로가 종로와 더불어 인

최초의 근대 종합잡지 〈소년〉을 낸 신문관 출판사를 시작으로, 을지로는 인쇄 골목의 대명사가 되었다.

쇄산업의 메카로 자리 잡는 데 큰 역할을 했다.

최남선은 신문관과 같은 건물에서 나라 잃은 지식인들의 사랑방 역할을 했던 단체 '조선 광문회'를 주관하기도 했다. 3·1운동의 기미독립선언서도 이곳에서 시작되었다. 지금은 이곳에 청계천 한빛 광장이 자리하고 있다.

도면만 있으면 탱크도 만들 수 있는 을지로

6·25 전쟁 이후 을지로에는 인쇄업 외에도 금속조각, 공구, 재봉 등 다양한 산업이 발달했다. 한옥이 없어진 자리에 소형 공장, 철공소, 자재상 수천 곳이 모여들며 서울의 대표적인 산업 지역으로서 근대화에 앞장선 것. 1990년대 이후 값싼 중국산 제품들이 유입되기 시작했고 2000년대 이후에는 전자상거래가 증가하며 을지로 일대에 고객의 발길이 점차 줄었다. 하지만 과거의 흔적은 여전히 골목골목에 남아 있다.

재봉틀 골목

1950년대 섬유산업의 발달과 함께 봉제 업체들이 을지로 주변으로 하나둘 몰려들었다. 재봉틀 가게들이 한자리로 모인 것은 어찌 보면 자연스러운 이치다. 초반에는 공업용 재봉틀을 주로 취급했지만 홈패션이 취미로 주목받던 1990년대 후반부터 가정용 재봉틀을 취급하는 상점이 부쩍 늘었다. 최근에는 실제 재봉틀을 사용하고자 하는 고객층보다는 인테리어용 빈티지 재봉틀을 찾는 이들의 발길이 더 잦다고 한다.

을지로가 변신하는 와중에도 조명 거리 등은 그 명맥을 유지하고 있다.

조각 골목

재봉틀 골목과 마주 보는 쪽에는 금속조각상점이 모여 있다. 컴퓨터가 발달하기 전에는 금속 장식 가공이 수작업으로만 가능했다. 전성기에 비하면 그 수는 많이 줄어들었지만, 핸드메이드의 매력을 찾는 고객층을 위해 일부 상점은 여전히 아날로그 방식으로 영업을 이어가고 있다.

공구 거리

공구 거리는 1960년대 청계천 복개 공사 이후 본격적으로 형성되었다. 월남전 시절에 특수를 누렸고 대한민국을 넘어 중국을 포함한 동아시아권 일대를 상대로 하는 공구상점이 지금까지도 건재하다. "도면만 있으면 탱크도 만들 수 있다"는 소문까지 생겨난 근원지가 바로 이곳이다. 을지로 일대에서 옛 모습을 가장 많이 간직하고 있는 곳으로도 꼽힌다. 손으로 쓴 간판은 물론 벽에 붙은 전단까지 과거의 흔적을 찾아보는 재미가 쏠쏠하다.

골뱅이 & 노가리 골목

1970년대 한 주점에서 우연히 깡통 골뱅이를 안주로 팔아 유명세

직장인들의 휴식처가 되어준 골뱅이 & 노가리 골목.

를 얻었다. 근처 주점들이 너도나도 같은 메뉴를 팔기 시작했고, 이 근방으로 출퇴근하는 직장인들에게 큰 사랑을 받았다. 골뱅이와 더불어 노가리도 을지로를 대표하는 안주 메뉴로 인기를 얻었다. 노가리 골목의 시초는 을지 오비베어로 1980년 오픈 당시 한 마리에 100원이라는 싼값으로 주객들을 유혹했다. 직장인들의 하루 스트레스를 풀어주는 명소 노가리 골목은 그 가치를 인정받아 2015년에 서울시 미래유산으로 선정되기도 했다.

산업이 지고 문화가 떠오르다

을지로에 자리 잡았던 다양한 가게들을 이끌어가던 산업이 쇠퇴하면서 이곳은 시대의 흐름에 뒤처지고 과거에 남은 듯한 장소가 되었다. 공동화 현상이 심해지던 을지로를 되살리기 위해 탄생한 아이디어가 '을지유람'이다. 과거 산업 현장의 중심이었던 을지로에 '이야기'를 담아 방문객들이 그 이야기를 따라 도보로 탐방하는 프로그램이다.

해설사와 함께 을지로 일대를 도는 을지유람은 약 1시간 반에 걸쳐 을지로3가역, 타일·도기 거리, 노가리 골목, 공구 거리, 조각 골목, 조명 거리, 청년 예술창작공간 등 1.7킬로미터의 코스를 돌아본다. 대한민국 시민이라면 누구나 무료로 이용할 수 있으며, 네 명 이상 예약하면 출발한다. 을지유람은 2016년 봄에 처음 선보여 큰 반향을 불러일으키며, 2017년에는 '기초 자치단체장 매니페스토 우수사례 경진대회'에서 도시재생 분야 최우수상을 받기도 했다.

예상치 못한 인기에 힘입어 2019년에는 '신新을지유람'을 선보였다. 기존 을지유람이 을지로 '과거의 영광'을 보여준다면, 방산시장에서 시작해 포장인쇄 골목, 을지로예술가 작업공간, 청계대림상가

를 지나는 신 을지유람은 을지로의 '현재'를 잘 보여주는 프로그램
이다. 코스 중에는 서울시 유형문화재 제7호인 성제묘도 있는데 이
곳은 《삼국지》의 역사 속 인물 관우를 모신 사당이다. 관우는 무신
이면서 동시에 중국에서는 재물의 수호신으로 여겨져 상인들이 모
시는 신이기도 하다. 방산시장 상인들 역시 이곳에서 1년에 한 번
제사를 지낸다고 한다. 이곳은 상시 개방은 하지 않지만 을지유람
참가자에 한해 공개되고 있다. 국내 최초의 아파트인 중앙아파트도
살펴볼 수 있다. 자재업체였던 중앙산업이 1956년 사택으로 지은
이 아파트는 방, 부엌, 화장실은 서로 떨어져 있는 것이 당연하던
시절에 이를 모두 한 공간에 넣어 화제가 되었다고 한다.

　요즘은 디자인 예술 프로젝트로 신인 작가들이 모여들고 그에
따라 젊은 층도 이곳을 찾기 시작했다. 하지만 을지로의 가장 큰
장점을 꼽자면 노포의 옛 모습을 잘 보존한 것이라고 할 수 있다.
옛 모습을 그대로 간직한 외관에 감각적으로 꾸며진 인테리어가
이곳을 찾는 고객들에게 인기를 끄는 것이다. 대부분의 식당과 카
페는 옥외 간판이 없어 작은 표지판을 보고 찾아가야 하는데 '나
만 알고 싶은 장소'로 불리는 등 오히려 매력 포인트로 작용하고
있다.

새롭게 변신한 문화 거리 을지로의 상점들은 간판이 없어 작은 표지판을 찾아
가는 재미가 있다.

도시는 보전되어야 하는가, 개발되어야 하는가

한편 서울시의 대대적인 '을지로 청계천 재개발' 이슈가 다시 불거졌다. 2006년부터 추진된 세운 재정비촉진지구 정비 사업은 2019년 초 '을지면옥' 사태라 불리며 세상의 관심을 받았다. 10~20대들이 찾아오며 한창 도심 활성화를 이루고 있는 지금, 이대로 얼마간 도시를 더 보존해야 한다는 의견과 오랜 시간 기다려온 토지주들의 입장도 생각해야 한다는 두 가지 의견이 팽팽히 대립했다.

결국 서울시는 역사와 전통을 존중하는 도시개발을 위해 을지로 청계천 재개발 인가 자체를 재검토하겠다고 밝혔다. 이로써 재개발이 잠시 멈추는 듯했지만 일부 지역에서는 철거 공사가 이어지고 있어, 서울시의 계획 수정에 재개발 사업의 갈등은 불어나고 있다. 양측이 적절한 타협점을 찾아 지금처럼 언제든 찾을 수 있는 을지로로 남길 기대해보자.

과거에서 현재로, 사람 냄새 나는 시장

#재래시장 #5일장 #통인시장 #국제시장 #전주 남부시장 #광장시장

과거의 향수를 불러일으키는 구세대의 상징 같은 재래시장이 요즘 젊은 층의 주목을 받고 있다.

기업형 슈퍼마켓, 편의점, 대형마트와 같은 기능을 하면서도 대척점에 있는 재래시장. 전문화되어 있고 부르는 게 값이며, 좋은 물건을 싸게 사는 것은 노련한 고객의 몫으로, 쇼핑의 성공률은 복불복이라는 게 재래시장에 대해 우리가 주로 갖는 인상이다.

익숙함과 편안함을 주는 재래시장과 그곳을 찾아가는 젊은이들.

쇼핑에 노력이 필요하다는 인상에 사람들의 외면을 받아왔던 재래시장에 왜 젊은 층의 발길이 이어지고 있을까? 그들이 화려한 쇼핑 거리와 백화점이 아닌 허름한 시장을 찾는 데는 그만한 이유가 있다. 모든 시장이 그런 것은 아니지만, 사람들에게 여전히 인기를 누리고 있는 시장들은 각기 다른 특색으로 방문객을 유혹한다. 시장에 가는 것이 일종의 문화가 되고 있다.

오랜 역사를 가진 시장, 변화의 과정

시장의 역사는 얼마나 오래되었을까?

문헌에 등장하는 우리나라 최초의 시장은 490년 신라에 개설된 경시京市로, 경주에 세워진 시장을 말한다. 하지만 이 시장을 우리나라 최초의 시장이라 하기는 어렵다. 물자의 교환은 사람들이 모여 살기 시작하던 때부터 자연스럽게 이루어졌을 것이기 때문이다. 삼국 시대 이후 시장은 장, 장시라는 이름으로 불렸으며, 현재의 시장이라는 용어가 사용되기 시작한 것은 19세기부터다. 시장은 날마다 장이 서는 상설시장과 특정 날짜마다 장터에 모이는 정기시장이 있다. 우리나라의 경우 5일장이 유명하며, 서양의 경우 보통 7일장이 열린다. 애초에 시장은 부정기시장에서 정기시장으로, 그리고 이것이 상설시장으로 발달해왔다.

틀이 없고 비교적 자유로운 분위기의 현대 시장을 보면, 시장은 민간에서 시작되어 발달했을 것으로 보인다. 하지만 문헌 속에서 발견되는 시장들은 대체로 국가기관이 만들고 통제하는 관설 시장이었다. 앞서 말한 경시도 그렇고 509년에 열린 동시東市에 이어 695년에 만들어진 서시西市와 남시南市 모두 국가기관인 시전市典에서 관리했다. 고려 시대에는 시장이 크게 방시坊市와 향시 호시互市로 나뉘었는데, 이 가운데 방시와 호시를 국가에서 관리했다. 이런 흐름은 조선 시대에도 계속되었는데, 육의전六矣廛이라는 시전을 두어 비단·무명·명주·생선·종이 등 주요 거래물품에 국가가 독점권을 판매하는 등 시장을 철저히 관리했다. 하지만 독점권은 폐단이 심했고 물품의 가격을 상승시키는 등 부작용이 커서 백성들의 불만이 많았고 자연스럽게 난전이 생겨났다. 그 와중에 일본의 국권 침탈이 시작되면서 시전의 권한 역시 일제에 빼앗기고 시장의 독점권도 자연스럽게 사라졌다. 광복 이후 비로소 지금처럼 민간에서 주도해 비교적 자유롭게 형성된 상설시장들이 활성화되기 시작했다. 하지만 상설시장의 인기도 잠시, 기업형 슈퍼마켓이 생겨나면서 재래시장은 경쟁에서 밀려 쇠퇴의 길에 들어섰다.

이런 위기를 극복한 시장만이 현재 살아남았는데, 그들이 어떻게 살아남아서 젊은 세대에게 인기를 끌 수 있었는지 그 비결을 대표적 시장을 살펴보며 찾아보는 것도 재미있겠다.

통인시장의 명물, 엽전 도시락과 기름떡볶이

기름떡볶이로 유명세를 타고 있는 통인시장은 경복궁 서쪽 마을 서촌에 자리 잡고 있다. 일제 강점기인 1941년 효자동 인근의 일본인들을 위해 조성된 공설시장을 모태로 한 통인시장은 6·25 전쟁 이후 서촌의 인구가 급격히 증가하자 옛 공설시장 주변에 노점이 들어서면서 형성되었다. 2005년 '재래시장 육성을 위한 특별법'에 따라 시장으로 등록된 뒤 현대화 시설을 갖추었고, 2010년에는 서울시와 종로구가 주관하는 '서울형 문화시장'으로 선정되었다. 특히 2012년부터 운영하기 시작한 도시락 카페가 젊은 층에게 큰 호응을 얻고 있다. 통인시장의 명물로 불리는 엽전 도시락은 외국인

1956년부터 운영되고 있는 통인시장의 명물 기름떡볶이집과 2012년부터 시작된 '엽전 도시락'.

관광객에게도 재미난 체험거리다. 5,000원으로 엽전 열 개를 구입한 뒤 이 엽전으로 시장에 있는 반찬가게에서 먹고 싶은 음식을 도시락에 담을 수 있다. 엽전으로 구입한 각종 전, 떡갈비, 떡볶이, 밑반찬 등은 고객센터 2층과 입구 쪽 지하 1층에 위치한 도시락 카페에서 먹을 수 있다.

한편 통인시장에는 원조라 불리는 기름떡볶이집 두 곳이 있다. 1956년부터 운영하고 있다는 원조 할머니 떡볶이와 충주 과수원에서 직접 고춧가루를 가져와 사용한다는 효자동 옛날 떡볶이 가게. 자부심으로 맛을 낸다는 두 가게 주인은 큰 철판 위에 기름을 두르고 고춧가루에 무친 떡을 누르듯이 볶아 내준다. 매운 것을 먹지 못한다면 간장 떡볶이를 함께 주문해보자.

기름떡볶이 외에도 시장에는 김밥, 닭꼬치, 핫도그를 비롯해 여러 반찬가게가 있다. 맛있는 냄새에 절로 발걸음이 멈춘다. 시장은 도시락 카페가 운영되는 점심시간에 가장 활발한 모습이다. 오후 4~5시만 되면 하나둘 문을 닫으니 발걸음을 서둘러 인심 넘치는 시장표 주전부리들을 만나보자.

청년몰의 원조 전주 남부시장

전주 한옥마을에서 5분 거리에 있는 남부시장은 조선 중기에 전주성 남문 바깥에 섰던 남문장의 역사를 이은 재래시장이다. 일제강점기 때 주변 장들을 하나로 통합해 지금의 남부시장이 되었는데, 특히 금요일과 토요일에 열리는 야시장이 유명하다. 그 밖에도 유명한 게 있는데 바로 2층에 형성된 청년몰이다.

청년몰은 2011년 문화체육관광부의 '문화를 통한 전통시장 활성화 시범 사업'에 선정되어 시작되었다. 독창적인 아이디어와 레트로 감성을 지닌 청년들은 기존의 새마을 시장이었던 남부시장 2층을 '레알뉴타운'이라는 합성어로 새롭게 꾸몄다. 첫해에 상점 12개가 문을 열었고, 지금은 각종 공방과 소품점, 책방 등 32개 가게가 영

전주 남부시장에서 시작된 청년몰이 전국적으로 퍼지며 시장에 젊은 사람들을
데려왔다.

업 중이다. 이들의 모토는 '적당히 벌고 아주 잘살자'다.

화려한 입구를 지나 2층에 들어서면 청년 주인장들이 직접 만든
액세서리와 양초, 다양한 핸드메이드 엽서가 눈에 들어온다. 더 둘
러보면 소규모의 독립서점과 여러 디저트 가게가 나온다. 취향에
맞는 가게에 들어가 비교적 저렴한 가격으로 마음에 드는 물건을
구입할 수 있다.

국제시장, 없는 게 없는 도떼기시장

부산의 국제시장은 1945년 광복 이후 일본인들이 남긴 물건과 해외동포들이 가져온 물건들을 거래하기 시작하며 조성되었다. 처음에는 도떼기시장, 1948년에 건물을 세우면서는 자유시장, 1950년에는 미군 부대에서 흘러나온 물건까지 취급하며 국제시장이라는 이름으로 불리게 되었다. 1990년까지 국제시장은 다섯 차례의 크고 작은 화재를 겪었다. 하지만 상인들은 굳건히 자리를 지켰고 오히려 해를 거듭할수록 다양한 아이디어로 새롭게 거듭났다. 현재는 여러 골목과 더불어 6공구라는 큰 규모의 시장이 되었다.

이곳에 구제 골목이 형성된 데는 부산의 지리적 특징이 한몫했는데, 바로 외국 문화를 받아들이는 항구도시이기 때문이다. 1990년 후반부터 하나둘 생긴 구제 의류점은 오늘날 끝이 보이지 않는 골목을 이루었다. 이 구제 골목에서는 큰 옷 또는 작은 옷 전문이라는 간판을 쉽게 볼 수 있다. 요즘 유행이라는 레트로 감성에 어울리는 멋진 빈티지 패션 아이템을 저렴한 가격에 구입할 수 있어 젊은 층에게 패션 보물창고로 불린다.

음식부터 구제 쇼핑까지, 없는 게 없는 부산 국제시장.

빈티지 매니아들의 천국, 광장시장 수입 구제상가

부산에 국제시장이 있다면 서울에는 광장시장이 있다. 지금은 '마약김밥'으로 대표되는 먹을거리가 외국인 관광객들에게까지 널리 소개되며 유명세를 타고 있지만, 이곳은 한국 수입 구제상가의 시초다. 2층에 위치한 수입 구제상가는 빈티지 매니아들에게 오래전부터 유명했던 쇼핑의 메카다. 2층은 대부분 젊은 상인들이 운영하고 있으며, 3층에서는 오래된 상인들을 만날 수 있다. 수십 년간 구제 의류를 수입해온 이들의 감각으로 골라낸 제품들은 유행을 타지 않으면서 세월의 흔적을 멋스럽게 소화하며 입을 수 있어서 좋다.

대부분 일본과 미국에서 수입되어 유통된 옷들로 아주 오래된

광장시장 2층 구제상가는 빈티지 매니아들에게 인기를 끌고 있다.

명품 빈티지부터 한정판까지 굉장히 다양하다. 잘 유지된 브랜드 옷들을 싼 가격에 살 수 있는 것이 빈티지 마니아들에게는 가장 큰 매력이다. 옷뿐만 아니라 가방, 신발 등 구제 물건들이 다양하다. 가게들을 탐색하며 잠자던 나의 개성을 살려줄 옷을 골라보자.

규모가 매우 큰 광장시장 수입상가에서는 길을 잃기 십상이다. 광장시장 서문으로 들어와 계단을 오르면 2층에 상가가 위치한다. 만남의 광장 근처에 군데군데 붙어있는 팻말을 찾는 것도 한 가지 방법이다.

광장시장은 조선 시대 3대 시장으로 불렸던 배오개시장의 맥을 잇고 있는 곳으로, 1905년 광장주식회사의 설립과 함께 시장의 허가를 받은 오랜 전통을 자랑한다. 6·25 전쟁 당시 시장 일부가 파괴되었다가 피난민들이 생필품과 군수품을 거래하기 위해 모여들며 다시 활성화되었다.

우리의 자유로운 삶이 있기까지

지금까지 거리와 골목, 동네를 살펴보며 많은 이야기를 들었다.
우리가 이렇듯 한가로이 역사 산책을 할 수 있기까지는
과거 빼앗긴 자유를 되찾고자 노력했던 이들과
외부의 위협으로부터 나라를 지킨 선조들의 희생이 있었다.
우리가 당연하게 누리고 있는 많은 것들을 지키고자
자신을 희생했던 과거의 사람들과 그들의 혼적을 찾아보고, 기억하자.

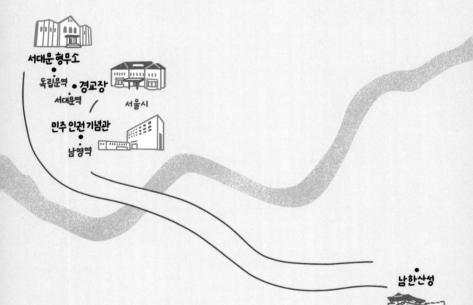

서대문 형무소
독립문역 ● ● 경교장
서대문역
서울시

민주 인권 기념관
●
남영역

남한산성
●

경기도

의롭게 죽을 것인가, 백성을 살릴 것인가?

#남한산성 #병자호란 #유네스코 세계문화유산 #행궁 #삼전도

남한산성은 북한산성과 함께 조선 시대에 수도 한양을 지키는 역할을 한 산성이다. 특히 유사시 임시 수도로 기능할 수 있도록 험난한 산에 계획적으로 축조된 산성도시로, 그 가치를 인정받아 2014년 유네스코 세계유산 목록에 등재되었다. 우리나라를 대표하는 문화유산이지만, 그 속에는 우리가 결코 잊어서는 안 되는 치욕스러운 역사를 담고 있기도 하다.

병자호란 당시 인조 일행이 피신했던 남한산성은 '삼전도 굴욕'의 현장이기도 하다. 청의 압박으로 명분과 실리 사이에서 고민했던 인조와 신하들의 대립, 그리고 백성들과 군사들의 생존과 죽음이 오갔던 치열했던 겨울, 1636년 그 현장으로 떠나보자.

세 개의 문을 지나야 하는 행궁, 임금의 임시 거처지

남한산성은 하남시, 성남시, 광주시에 걸쳐 넓은 면적을 차지하는데 그 중심에는 산성로터리가 있다. 로터리의 정면으로 보이는 행궁은 전란에 대비해 1626년 건립되었다. 인조뿐만 아니라 숙종, 영

지금은 평화로운 남한산성 성곽길을 걷는 등산객들.

조, 정조 등 많은 왕이 머물며 이용한 곳이다. 한때 불에 타 소실되었지만 2011년에 복원해서 2012년 일반에 공개되었다.

행궁으로 들어가려면 먼저 큰 정문을 지나야 한다. 한강 남쪽 성진의 누대를 뜻하는 한남루가 행궁의 정문으로, 사람 키만 한 주춧돌을 보면 행궁의 웅장함이 느껴진다. 궁궐의 정전까지 세 개의 문을 거쳐 들어가는 것이 법도인 '삼문삼조'에 따라 한남루 뒤에 두 개의 문을 더 통과해야 외행전의 모습을 볼 수 있다.

상궐 73칸, 하궐 154칸으로 모두 227칸의 규모인 행궁에서 하궐의 중심 건물로, 정당이라고도 불리는 외행전은 임금이 신하들과

행궁의 가장 바깥쪽 문인 한남루의 웅장한 모습.

국정을 운영하는 장소였다. 특히 2010년에 복원 작업 당시 발굴 과정에서 통일신라 관련 유구들이 발견되면서 화제가 되기도 했다. 건물 우측에 위치한 통일신라 건물지에 가면 당시의 흔적을 확인할 수 있다. 외행전 뒤편으로 돌아가 높은 계단을 올라가면 외행전과 외관상 비슷한 내행전을 마주하게 된다. 임금의 침전으로 중앙의 대청과 양옆의 온돌방, 마루방으로 구성되어 있다. 담으로 둘러싸인 내행전은 다소 폐쇄적인 구조인데, 임금의 안위를 보호하기 위함이다.

내행전을 지나 행궁의 가장 안쪽으로 걸어가면 작은 정원을 볼

순조가 활쏘기 연습을 하기 위해 지은 정자, 이위정.

수 있다. 이곳에는 정자의 형태를 띤 이위정이 있는데, 순조가 왕위를 이어가던 시절 활쏘기 연습을 하기 위해 지은 곳이다. 이위정이 위치한 풀밭 언덕에 올라가 아래를 내려다보면 평화로운 행궁의 전체 모습을 볼 수 있다.

인조 앞에 선 두 세력, 주화파와 척화파

1623년, 인조반정 이후 즉위한 인조는 광해군과 달리 친명배금 정책을 펼쳤다. 명나라를 섬기고 후금을 배척하는 정책을 펼친 조선에 후금, 즉 청나라는 새로운 관계를 맺길 요구했지만 조선은 척화로 맞선다. 결국 1627년에 청이 조선을 침략했고(정묘호란) 1636년, 2차 침입으로 병자호란이 일어난다. 강화도로 피신하는 길이 막히자 인조는 남한산성으로 대피한다. 청은 남한산성을 포위해 고립시키고 항복을 촉구한다. 이때 인조의 신하들은 두 파로 나뉘어 각각 다른 주장을 펼친다.

척화파의 수장인 예조판서 김상헌은 만백성이 보는 앞에서 왕이 치욕스러운 삶을 구걸해서는 안 되며, 끝까지 맞서 싸워야 한다고 목소리를 높인다. 반면에 주화파는 패배할 가능성이 높은 전쟁에서 명분보다는 실리를 따져야 한다고 주장한다. 백성과 함께 죽기보다는 치욕을 견디고 후일을 도모하는 게 낫다는 것이 주화파의 수장 이조판서 최명길의 의견이었다. 나라의 위기 앞에서도 척화파와 주화파는 끊임없이 자신의 주장을 내세울 뿐이다. 인조의 고민과 한숨은 깊어가기만 한다.

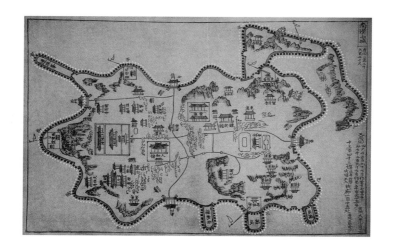

남한산성은 험난한 산에 계획적으로 축조된 산성도시로 그 가치를 인정받아 유네스코 세계문화유산 목록에 등재되었다.

병자호란 중인 1637년 1월 10일부터 2월 24일까지 45일간 벌어진 남한산성 전투는 시작부터 조선군에 불리한 전투였다. 방어전에 유리한 지형을 택했지만 사전에 준비가 갖추어지지 않았을뿐더러 궂은 날씨와 식량 문제가 더해져 조선은 하루하루 위태로운 나날을 이어갔다. 신식 무기와 압도적인 숫자를 겸한 청군은 남한산성을 포위하며 공격을 퍼부었다.

남한산성 전투 외에도 광주의 쌍령에서 펼쳐진 쌍령 전투와 강화도에서 방어전을 펼쳤던 강화부 전투는 조선군에게 뼈아픈 패배와 수많은 사상자를 안겨줬다.

세 번 절하고 머리를 아홉 번 조아리다

청군이 강화도를 점령했다는 소식을 들은 인조는 결국 45일 만에 항복하게 된다. 1637년 2월 24일, 인조는 푸른 죄수복을 입고 서문 밖으로 나가 삼전도조선 시대 한양과 남한산성 이어주던 한강 상류의 나루에서 청나라 황제에게 '삼궤구고두'를 했다. 한 번 무릎을 꿇을 때마다 머리를 땅에 대고 세 번 조아리는 것인데, 당시 인조의 찢어진 이마에서 흐른 피로 땅이 흥건해졌다고 한다. 조선 역사상 가장 잊고 싶은 치욕적인 순간의 하나일 것이다.

병자호란은 조선에 어떠한 결과를 가져왔을까. 청나라에 항복한 조선은 정치적, 경제적으로 청나라의 손아귀에 들어가고 50만 명이 넘는 조선인이 청군의 포로가 되어 만주로 끌려갔다. 소현세자와 봉림대군 또한 인질로 잡혀간다. 외교와 군사적인 측면에서 힘이 약했

남한산성의 서문은 삼전도 굴욕 당시 인조가 푸른 죄수복을 입고 나간 비극적 역사
가 서린 문이다.

던 조선의 대외 정책의 실패와 내부 분열이 초래한 가슴 아픈 결과
다. 병자호란은 영화와 드라마의 소재로도 많이 사용되었는데 특히
2017년에 개봉한 〈남한산성〉은 이 치욕의 역사 속에서 조정 대신들
의 대립과 인조의 고뇌를 잘 표현한 영화로, 개봉 당시 많은 정치인
들이 현재 우리나라에 시사하는 바가 있음을 주장하기도 했다.

평화로운 성곽길과 외부로 이어지는 네 개의 문

　치욕스러운 역사의 현장은 오늘날 평화롭기만 하다. 치열했던 엄동설한 전쟁의 현장은 이제는 등산객들의 웃음소리로 가득하고, 서울이 한눈에 들어오는 정상에서 보는 풍경에 산책자들은 탄성을 자아낸다.

　탐방로를 따라 걷다 마주하게 되는 네 개의 문 가운데 북문과 서문 앞에 발걸음을 멈추어보자. 전승문이라고도 불리는 북문은 이름과 달리 병자호란 당시 기습공격을 감행했다가 최대의 전투이자 최대의 참패를 겪었던 문이다. 서문은 인조 일행이 청나라에 항복하기 위해 나간 문으로, 삼전도가 위치했던 지금의 송파구에서 진입하는 가장 빠른 길이다.

　서문에서 남문으로 향하는 길의 가장 높은 지대에는 수어장대가 있다. 수어장대는 지휘와 관측을 위한 군사적 목적에서 지어진 누각으로, 남한산성에 건축된 다섯 개의 장대 중 현존하는 유일한 건물이다. 시원한 바람을 맞으며 지붕의 화려함과 웅장함을 감상해보자. 영화 〈남한산성〉 속에서 김상헌이 인조의 글을 군사들 앞에서 읽으며 결사항전을 다짐한 장면의 배경이 된 이곳을 마주하니 엄숙

서문에서 남문으로 향하는 길에 있는 수어장대는 남한산성에서 가장 높은 위치에 있는 누각이다.

함마저 느껴진다.

　많은 관광객과 등산객이 찾는 남한산성을 더욱 알차게 즐길 수 있는 방법을 소개한다. 토요일에 방문한다면 토요 상설 공연을 놓치지 말자. 매주 토요일 2시와 3시 두 차례에 걸쳐 남한산성 취고 수악대가 종각 앞에서 연주를 펼친다. 경쾌한 음악 소리를 듣고 있으면 몸이 절로 들썩인다.

　한편 남한산성 행궁은 평일과 주말에 해설 프로그램을 진행하고 있다. 미리 예약하면 외국어 해설도 가능하니 외국인 친구와 동행한다면 참고하자. 로터리를 기준으로 사방으로 위치한 수많은 음식

매주 토요일에는 남한산성 취고수악대가 연주하는 프로그램이 있다.

젊은 관광객들로 하여금 옛 정취를 느끼게 한다. 가족 또는 친구들과 삼삼오오 모여 성곽길을 걸은 후 막걸리 한잔을 곁들이며 평화로운 현재라는 축복을 누려보는 것은 어떨까?

독립을 꿈꾼 열여덟 소녀의 발자취

#유관순 #병천 #서대문형무소 #3·1운동 #아우내 만세운동

'형무소'는 범죄자들을 수용하는 교정시설인데 특히 방문하고 나면 가슴이 먹먹해지는 곳이 있다. 일제 강점기에 독립운동가들을 수감했던 악명 높은 서대문형무소가 그곳이다.

지금은 서대문형무소 역사관으로 운영되고 있으며, 독립과 민주주의를 향한 투쟁의 역사를 후대에 생생하게 전하고 있다.

독립운동의 상징이 된 서대문형무소 전경.

일제 강점기 우리 역사를 모르는 사람들은 없겠지만, 그렇더라도 그곳에 투옥되었던 독립운동가의 삶을 알고 간다면 훨씬 뜻깊은 방문이 될 것이다. 그중에서도 열여덟 살에 독립운동에 뛰어든 평범한 시골 소녀 유관순의 발자취를 따라가며 서대문형무소를 살펴보자.

소녀 유관순, 작은 초가집에서 꿈을 키우다

그녀의 삶을 살펴보려면 먼저 충청남도 천안시 병천면에서 시작해야 한다. 구불구불 굽이진 길을 따라 탑원리에 도착하면 커다란 소나무가 반기듯 맞아주고 그 뒤로 작은 초가집이 자리하고 있다. 이곳은 1919년 4월 1일 만세운동 당시 일본 경찰들에 의해 전소되었다가 1991년 정부에 의해 복원 정비된 유관순 열사의 생가다.

유관순은 미국에서 온 선교사 사애리시(미국명 앨리스 샤프Alice Sharp)의 도움으로 이화학당에 편입학한다. 그러던 중 1919년 3월 1일 시작된 만세운동의 여파로 일제가 휴교령을 내리자 고향으로 돌아온다. 경성복심법원 재판 기록문에 의하면, 이때 유관순은 집에서 태극기를 제작했다고 한다. 소녀는 그렇게 고향에서 독립운동

충청남도 천안 병천에 있는 유관순 열사의 생가.

계획을 세우며 원대한 꿈을 키웠다. 방문한 생가 앞마당에는 태극기들이 꽂혀 있어 보는 사람들의 마음을 숙연하게 만든다.

　유관순 열사 생가 옆으로는 생가 관리사와 매봉교회 그리고 유관순 열사 생가 비문이 자리한다. 한옥의 구조를 갖춘 생가 관리사는 1977년 정부가 열사의 가족에게 생가를 관리하도록 마련해준 거처다. 유관순의 남동생인 유인석 씨의 가족이 거주했었는데 지금은 비어 있는 상태다. 생가 관리사 뒤로는 유관순이 다녔던 매봉교회가, 생가 오른편에는 생가 비문이 자리하고 있는데 비문을 살펴보면 그녀의 일대기가 간략하게 요약되어 있다.

3·1운동의 중심지 탑골공원과 아우내 만세운동

고종의 서거를 계기로 일제에 대한 우리 국민의 분노는 전국적으로 커졌다. 결국 1919년 3월 1일 탑골공원에서 만세운동이 시작되었고, 이때 유관순 열사도 학우들과 함께 시위에 참여했다. 탑골공원의 정문인 삼일문을 통과하면 3·1운동을 주도한 의암 손병희 선생의 동상을 볼 수 있다.

3월 1일, 민족 대표 33인이 작성한 독립선언서가 탑골공원 팔각정에서 학생들에 의해 낭독되고 이어 만세 소리가 세상에 퍼져나갔다. 만세운동이 전국적으로 확대되는 시발점이 된 것이다. 당시 서울에는 많은 사람이 모일 만한 공간이 많지 않았는데, 서울 시내 최초의 근대식 공원이었던 탑골공원은 최적의 장소였다. 오늘날 노인들이 삼삼오오 모여 휴식을 취하고 있는 이 공원은 평화롭기만 하다.

휴교령이 내리자 고향인 병천으로 내려간 유관순은 4월 1일 장날을 기회 삼아 아버지인 유중권, 숙부 유중무를 비롯해 다양한 사람들과 뜻을 합쳐 아우내 장터에서 만세운동을 전개한다. 3,000여 명이 참여한 호서지방 최대 만세운동으로 비폭력 평화주의를 원칙으로 했지만, 일제의 무자비한 진압이 이어졌다. 이 만세운동으로

지금은 주민들의 휴식처가 된 탑골공원의 모습. 중앙에는 3·1 운동 당시 독립 선언서가 낭독된 팔각정이 있다.

유관순의 부모를 비롯해 19명이 순국하고 수십 명이 중상을 입는 다. 열사 또한 이 사건으로 인해 공주지방법원에서 5년 형, 경성복 심법원에서 3년 형을 선고받는다.

끔찍한 고문의 현장, 독립운동의 성지가 되다

판결을 받은 유관순이 이송된 곳이 바로 서대문형무소다. 1908년 경성감옥이라는 이름으로 시작해 1987년까지 약 80년 동안 운영되며, 특히 일제 강점기에 독립운동가들이 수감된 비극의 장소다. 서대문구에서 보안과 청사와 옥사, 사형장, 망루, 담장 등 일제 강점기 건물을 원형 그대로 보존해 1998년 11월 서대문형무소 역사관을 개관했다. 서대문형무소 역사관에는 옥사 7개 동, 감시탑, 고문실 등이 복원되어 있으며, 벽관과 독방 등의 옥중생활을 방문객이 직접 체험할 수 있다.

벽관은 말 그대로 벽壁으로 만든 관棺을 뜻한다. 형무소의 벽에 사람이 들어가 겨우 서 있을 정도의 크기로 홈을 파고, 그 속에 독립운동가를 이삼일씩 가두어두었다. 간신히 무릎을 구부리고 엉거주춤 서 있을 수 있을 정도의 크기인 벽관에 있으면 온몸이 마비되는 고통과 함께 찾아오는 심리적 공포 역시 상상을 초월한다.

전시관 1층과 2층의 민족저항실을 지나 지하로 내려가면 어두컴컴한 고문실을 볼 수 있다. 이곳에서 일제는 독립운동가를 취조하며 각종 고문을 자행했다. 유관순 열사 또한 이곳에서 그녀를 죽음

독립운동가들이 수감되었던 1920년대 옥사와 고문실.

에 이르게 한 야만적이고 끔찍한 고문을 겪어야 했다. 역사관으로 변신한 지금은 스피커를 통해 생존 독립운동가의 육성 증언을 들으며 당시의 식민지 통치의 실상을 생생하게 느낄 수 있다.

전시관을 나와 옥사를 향해 걸어가면 숨 막히는 구조의 건물을 마주하게 된다. 부채꼴 모양으로 배치된 이 건물은 간수가 한곳에서 모든 곳을 감시하고 통제할 수 있도록 설계된 '파놉티콘 panopticon'의 형태를 띠고 있다. 한 평당 7.9명을 수용했다고 하니 짐승 우리와 다를 바 없었을 것 같다는 생각이 든다. 특히나 여자들이 수감된 옥사의 감방은 사방 1미터도 채 안 되는 크기인데, 그곳에서 수용자들은 다리가 붓는 것을 방지하기 위해 원 모양으로 천천히 걷고, 돌아가며 누워 잠을 청했다고 한다.

고문실과 옥사 외에도 서대문형무소에는 마음이 숙연해지고 발걸음이 멈춰지는 곳이 여러 군데 있다. 그중에서 특히 전시관 2층 민족저항실에 들어서면 5,000여 독립운동가의 수형기록표가 사방에 전시되어 있다. 이름조차 기록되지 않은 무명의 애국지사들과 어린 학생들을 기억하고 되새겨보자.

건물을 나와 드넓은 공간을 걸어가다 보면 독립운동가들의 이름 이 새겨진 추모비를 마주하게 된다. '민족의 혼 그릇'이라는 작품명 을 한 이 추모비는 2010년에 조성되었다.

출소를 이틀 앞두고 순국한 소녀

유관순은 서대문형무소에 투옥된 이후에도 독립에 대한 의지를 꺾지 않았다. 수감 중인 1920년 3월 1일 3·1운동 1주년을 기념해 옥중에서 만세운동을 전개했고, 이로 인해 모진 고문을 받는다. 그 녀는 자신을 말리는 사람들에게 이렇게 말한다.

"자유란, 하나뿐인 목숨을 내가 바라는 것에 마음껏 쓰다 죽 는 일…."
"내 손톱이 빠져나가고 내 귀와 코가 잘리고 내 손과 다리가 부러져도 그 고통은 이길 수 있사오나, 나라를 잃어버린 그 고

천안시 병천면에 조성된 유관순 열사의 동상.

통만은 견딜 수가 없습니다. 나라에 바칠 목숨이 오직 하나
밖에 없는 것만이 이 소녀의 유일한 슬픔입니다."

소녀는 1920년 9월 28일 서대문형무소에서 조국의 독립을 보지 못
하고 순국했다. 출소를 이틀 앞둔 날이었다. 사인은 정확하지 않지만
잔인한 구타 행위로 인한 방광과 자궁 파열이라고 알려져 있다.

유관순 열사의 숭고한 뜻을 기리고자 그녀의 고향인 천안시 병천
면에 마련된 사적지에는 유관순 열사 기념관과 봉화대, 추모각, 초

혼묘 등을 비롯해 아우내 만세운동 기념공원을 조성했다.

유관순 열사 기념관은 탄생 100주년을 기념해 2002년에 착공, 2003년 개관했다. 이곳에서는 열사의 수형 기록표, 호적등본, 재판 기록문 등 관련 전시물과 함께 아우내 만세운동을 재현한 디오라마, 서대문형무소 벽관 체험 코너 등을 볼 수 있다.

유관순 열사 기념관의 정면에는 그녀의 동상이 세워져 있다. 태극기를 든 소녀의 모습. 고개를 높게 들어서 봐야 하는 소녀의 모습을 보며 많은 생각이 스쳐 지나간다. 유관순의 발자취를 따라가며 내가 그 상황이라면 어땠을까 하는 질문을 끊임없이 되뇌게 된다. 결코 잊지 말아야 할 독립투사들의 희생과 용기, 그리고 결단을 가슴 깊이 새겨두자.

독립, 그리고 통일정부의 꿈이 피고 지다

#경교장 #김구 #대한민국 임시정부 #암살

1910년 대한제국이 역사 속으로 사라진 뒤 우리나라는 빼앗긴 국권을 되찾기 위한 거대한 항일운동을 시작했다. 그 구체적 틀이 만들어진 것은 국권 피탈로부터 약 9년이 지난 시점으로, 1919년 3월 1일 독립선언문이 낭독되고 약 1개월 후 상하이에 임시정부가 세워지면서부터다.

임시정부는 상하이에서 시작되었기 때문에 그곳이 상징적으로 여겨지지만, 광복까지 오랜 세월 일제의 추적을 피해 항저우, 난징, 광저우 등 여러 곳으로 그 본부를 옮겼다. 그리고 마지막에는 서울에 자리 잡았다.

광복과 함께 백범 김구 선생과 임시정부 요인들이 중국에서 귀국하면서 머물게 된 곳이 현재 강북삼성병원 부지 안에 있는 경교장이다. 이곳은 임시정부의 상징적 인물인 김구 선생이 거처하며 집무를 보다가 암살당한 곳이기도 하다. 이런 역사적 가치를 담고 있기에 이승만의 이화장, 김규식의 삼청장과 함께 건국 활동 3대 장소로 꼽힌다.

한국 근현대사에 길이 남을 상징적 공간, 경교장

지하철 5호선 서대문역에서 광화문 방향을 향해 언덕을 조금만 올라가면 나타나는 강북삼성병원. 그 안에는 우리나라 근현대사에서 매우 의미 있는 장소가 자리하고 있다. 바로 경교장이다. 2층 규모의 고풍스러운 석조 건물은 1945년부터 1949년까지 대한민국 임시정부의 마지막 청사로 쓰인 곳이자 백범 김구 선생이 안두희가 쏜 총에 맞아 생을 마감한 역사의 현장이다. 어떻게 이런 건물이 병원과 함께 위치해 있을까 하는 의문이 들 정도로, 경교장은 현대식 병원 건물과는 다소 부조화스러운 풍경으로 그 자리를 지키고 있다.

본래 경교장은 일제 강점기 금광 개발로 부를 이룬 친일 기업인 최창학이 해방 후 임시정부 요인들이 한국으로 돌아오자, 과거의 잘못을 뉘우친다는 의미로 본인의 별장으로 사용하던 이곳을 임시정부 요인들에게 제공했다고 한다. 원래 명칭은 죽첨장 竹添莊이었는데, 일본색이 강한 이름이라서 서대문 근처의 다리 이름을 따 경교장 京橋莊으로 바꾸었다.

백범이 암살된 뒤 최창학이 유족 측에 돈을 요구하자, 유족은 이를 거절하고 경교장을 반납했다. 이후 경교장이 현재처럼 일반인에

강북삼성병원 앞에 자리한 역사의 현장, 경교장.

게 공개되기까지는 많은 우여곡절이 있었다. 6·25 전쟁 이후 최창
학은 경교장 건물을 팔았고 이후 주인이 여러 번 바뀌며 중화민국
대사관저, 미군 특수부대 주둔지, 월남 대사관 등 실로 다양한 용
도로 사용되었다. 1967년에는 삼성재단에서 매입해 건물 뒤편에 고
려병원(현 강북삼성병원) 본관을 붙여 건축하면서 오랜 기간 병원 현
관으로 사용되기도 했다. 한때 헐릴 뻔한 위기도 있었지만 1970년
대 후반에 임시정부의 마지막 청사였던 경교장을 복원해야 한다는

고려병원 시절 경교장의 모습. 2010년 복원 공사를 시작했으며, 복원 과정에는
〈조선과 건축〉을 참고했다.

여론이 조성되었고, 1990년대에는 시민단체의 문화재 지정 운동이 본격화되었다. 이에 힘입어 서울시가 강북삼성병원과 오랜 시간 협의한 끝에 문화재로서 보전하기로 합의해 2010년부터 2012년까지 대대적인 복원 공사가 이뤄졌다.

공사는 1949년 백범 김구 서거 이후 오랜 기간 대사관 및 병원 시설로 사용되면서 변형된 내부 평면을 철거하고, 이 과정에서 옛 모습이 잘 남아 있는 부분은 최대한 남겨두면서 진행했다. 그렇지 않은 부분은 〈조선과 건축〉(1938년 8월호)에 수록되어 있는 경교장 도면을 근거로 삼아 새롭게 만들었다. 복원 공사 후 2013년 3월 1일 개관하면서 일반에 공개되었다.

전면 분할의 비례가 아름다운 고전주의풍 건축물

경교장은 경성공업전문학교 건축과를 졸업한 김세연이 설계한 것으로, 1939년 고전주의 건축 양식으로 완공되었다. 좌우 대칭의 지상 2층, 지하 1층, 연건평 872.7제곱미터 규모의 이 건물은 단아한 2층 양관으로 전면 분할의 비례가 아름답다. 1층의 좌우 창을

중국에서 환국한 대한민국 임시정부의 주석 김구와 임시정부 요인들이 국무위원회를 개최한 응접실(좌). 임시정부 요인들이 저녁식사를 함께한 장소이자 김구 선생 서거 당시 빈소가 차려졌던 귀빈 식당(우).

원형으로 돌출시키고, 그 상부를 의장의 중심체로 했다. 현관 2층부에는 여섯 개의 원주를 사용해 다섯 개의 들임 아치 창을 냈고, 좌우는 완전 대칭의 형태를 띠고 있다. 당시에는 보기 드물게 정면 중앙 1층에 승하차 시설을 갖춘 현관을 설치했으며, 당구실과 이발실까지 둔 초호화 건물이었다고 한다.

대한민국 임시정부의 마지막 청사로 쓰였고, 백범 김구 선생이 서거한 현장이기도 한 경교장은 김구 선생과 임시정부 출신 독립운동가들의 해방 후 정치 활동에 대한 편린을 엿볼 수 있는 곳이다. 온몸을 바쳤던 독립운동부터, 남과 북으로 분단된 나라를 하나로 만들기 위해 끝까지 노력한 김구 선생의 활동과 삶의 흔적을 따라가다 보면 어느새 마음이 숙연해진다.

지하는 당시에 보일러실과 부엌으로 사용되었다. 보일러실 북쪽에 문이 있었는데, 1948년 4월 19일 김구 선생이 남북 협상을 하기 위해 평양으로 가려 할 때, 이를 만류하는 사람들을 피해 정문이 아닌 지하에 있는 이 문을 통해 밖으로 나갔다고 전해진다.

현재 지하 공간은 경교장과 임시정부의 역사를 한눈에 볼 수 있는 전시공간으로 조성되어 있다. 경교장의 건립부터 오늘날 복원에 이르기까지의 과정을 담은 제1전시실, 대한민국 임시정부가 걸어온 길을 담은 제2전시실, 백범 김구와 임시정부 요인을 소개한 제3전시실로 꾸며져 있다. 이 공간에서는 특히 김구 선생의 유품들이 눈길을 끈다. 총탄을 맞을 당시 김구 선생이 입고 있었던 피 묻은 옷과 바지는 당시의 상황을 증언하는 생생한 증거로 남아, 보는 이의 가슴을 아프게 한다. 서거 당일 조각가가 뜬 데스마스크(복제품)도 함께 전시되어 있다.

1층으로 들어서면 정면에 오리엔테이션실이 자리하고 있다. 처음 방문한 사람은 이곳에서 경교장과 김구, 대한민국 임시정부에 등에 관한 영상을 시청한 후 응접실, 임시정부 선전부가 활동한 공간, 귀빈 식당을 차례로 돌아보면 된다. 깔끔하게 정리된 1층 응접실은 조국으로 돌아온 임시정부 요인들의 공식적인 회의공간이자 김구 선

경교장 2층에서는 독립운동가들의 사진과 당시 국무회의 전경을 재현한 장면
을 만날 수 있다.

생이 국내외 주요 인사들을 만났던 곳이다.

경교장의 1층 공간은 1967년에 고려병원 시설로 개조되면서 많
이 변형된 곳이다. 응접실을 비롯해 복도, 화장실, 욕실과 이발실은
하나로 통합되어 원무과로 사용되었고, 북쪽의 썬룸은 홀과 통합되
어 북쪽에 맞닿게 지은 또 다른 병원 건물로 가는 통로가 되었다.
선전부 사무실과 식당, 계단실은 현재까지 부분적이나마 그 원형을
유지하고 있다.

그날, 총탄의 흔적이 남아 있는 슬픈 공간을 목도하다

당시 2층은 주거 및 집무실의 용도로 사용되었다. 2층으로 올라
가는 계단은 동쪽과 북쪽에 각각 하나씩 있었지만, 병원 시설로 개
조되면서 북쪽 계단은 철거되었고 현재는 동쪽 계단만 남아 있다.
비좁은 계단을 통해 2층에 오르면 김구 선생을 비롯한 임시정부 요
인들이 기거한 숙소가 대부분의 공간을 차지하고 있다. 2층에 있는
응접실은 원형이 가장 잘 남아 있는 곳이다. 이곳은 임시정부가 우
리나라로 돌아온 이후 여운형, 안재홍, 송진우, 허헌 등 국내 4당 주
요 당수와 진행된 회담이나, 1945년 12월 10일 통일정부 수립 방법
을 논의한 제4차 국무위원회가 열린 장소다.

복도 끝에는 김구 선생이 집무실로 사용한 조그마한 거실이 있
다. 거실 벽면 내부에는 선생의 흉상이 세워져 있고, 창가 쪽에는
선생이 사용한 책상이 그대로 놓여 있다. 안두희에게 총탄을 맞은
곳도 바로 이곳이다. 김구 선생은 1949년 6월 26일 창가에서 책을
읽던 중 대한민국 육군 소위이자 주한 미군방첩대CIC 요원인 안두희
에게 네 발의 총격을 맞고 서거했다. 이곳에는 암살범 안두희가 총
을 쏠 때 선생이 서 있던 위치가 표시되어 있고, 총알이 관통했던

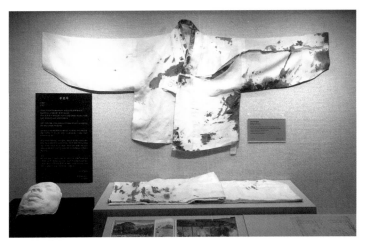

등록문화재 제439호인 김구 선생의 혈의와 김구 선생이 매우사 신부에게 준 친
필이 담긴 태극기.

유리창 모형도 재현되어 있다. 선명한 두 발의 총탄 자국만이 그날의 비극을 증언하고 있다.

해방된 조국으로 돌아온 백범 김구 선생은 이념에 따라 남북한에 각각 세워진 단독 정부를 합쳐 통일정부를 만들고자 했다. 하지만 백범이 서거하고 1년 후에 결국 6·25 전쟁이 일어나고, 일제 강점기의 상흔이 미처 사라지기도 전에 우리나라는 남과 북으로 쪼개지면서 역사의 비극은 지금도 계속되고 있다.

승리했으나 승자가 없다

#장사리 #인천 상륙 작전 #학도병 #6·25 전쟁

약 70년 전 이념으로 대립하던 우리나라는 둘로 나뉘어 전쟁을 치렀다. 북한의 기습으로 시작된 6·25 전쟁은 사흘 만에 서울이 함락되고 한 달 남짓한 기간에 한국군이 낙동강 전선까지 후퇴하며 북한이 남한의 90퍼센트를 점령한 비관적인 상황이었다. 이 상황을 뒤집은 것이 더글러스 맥아더Douglas MacArthur가 지휘한 인천 상륙 작전이다. 이 작전의 성공으로 남한은 서울을 수복하고 북으로 진격해 함경북도 청진까지 도달하며 통일을 눈앞에 둔다. 하지만 곧

장사 상륙 작전은 인천 상륙 작전의 성공을 위해 벌어진 양동 작전으로 772명의 학도병이 치열한 전투에 참여해 작전을 성공으로 이끌었다.

이어진 중공군의 참전으로 전황은 뒤바뀌고, 전선이 교착된 끝에 현재의 휴전선을 경계로 남과 북으로 나뉘었다. 결국 통일에 이르지는 못했지만 패색이 짙은 전세를 단번에 뒤엎은 인천 상륙 작전 덕분에 우리가 지금의 평화를 누리며 살고 있다고 해도 과언이 아니다.

인천 상륙 작전의 성공 뒤에는 밑거름이 된 처절했던 한 전투가 있었다. 작전명령 174호, 우리에게는 '장사 상륙 작전' 또는 '장사리 전투'로 알려진 전투가 그것이다.

교복 모자를 눌러 쓰고 긴급 투입된 772명의 학도병. 그들의 목표는 다음 날 펼쳐질 인천 상륙 작전을 위해 북한군을 교란하는 것이었다. 불가능에 가까웠던 이 작전은 어린 학도병들의 희생으로 성공했다. 장사 상륙 작전이 펼쳐졌던 경북 영덕군 남정면 장사리로 떠나보자

772명의 학도병, 문산호에 탑승하다

'낙동강 방어선을 점령하지 못하도록 북한군의 거점인 동해

안 영덕지구로 상륙해 적의 보급로를 차단하고 한국군의 작
전을 유리하게 하라.'
 - 육군본부 작전 제174호

인천 상륙 작전을 진두지휘한 맥아더 사령관은 이른바 양동 작전
을 전개한다. 양동 작전이란 적을 속이고 교란하기 위한 작전으로,
미군이 들키지 않고 인천까지 북상해 상륙 작전을 벌이기 위해서는
북한 지도부의 관심을 분산시켜야만 했다.

1950년 9월 14일, 훈련 기간 2주, 평균 나이 17세의 학생 772명은
북한군의 이목을 돌리는 기밀 작전에 투입된다. 낡은 장총과 부족
한 탄약, 최소한의 식량만을 보급받은 이들은 부산 지역의 학도병
들이었다. 전쟁에서 학업을 중단하고 적과 싸웠던 학도병은 비정규
군 소속의 어린 학생들이다. 제대로 된 군사 교육도 받지 못한 소년
들이 어떻게 장사리로 가는 문산호에 탑승하게 된 걸까.

본래 장사 상륙 작전은 미군 제8군에 창설된 레인저부대가 투입
될 예정이었지만, 훈련이 충분하지 않아 부적합하다는 판정을 받았
다. 유엔군 총사령부는 대신 한국 육군을 투입할 것을 제안하지만,
낙동강 전선까지 밀린 상황에서 한국 정규군은 전선의 방어만으로

장사리 해변에 복원된 문산호.

도 힘에 부치는 지경이었다. 결국 이제 막 2주 남짓 훈련을 받은 학
도병 772명을 비롯한 유격대원 841명이 작전에 투입되어, 9월 13일
부산 육군본부 연병장에서 출정식을 마치고 다음 날 오후 부산항
제4부두에서 출발한다.

하지만 문산호는 장사리 해안 50미터에 접근할 즈음 태풍 케지아
를 만난다. 높은 파도와 짙은 안개로 목표 지점까지 갈 수 없었던
상황에서 새벽 5시 40분경 접안을 시도하던 문산호가 좌초된다. 그
사이 북한군이 문산호를 발견해 먼저 공격을 시작하고 배가 좌초되
어 뒤로 물러설 수도 없던 학도병들은 바다에 뛰어들어 장사리로
돌진할 수밖에 없었다. 이때 문산호의 좌초와 함께 70여 명의 유격

대원이 실종되었다.

1950년 9월 15일 정오, 작전 34시간 만에 국군 유격대원들은 고지를 점령하고 작전 목표였던 포항과 이어지는 7번 국도를 장악하며 북한군 보급로를 차단한다.

인천 상륙 작전을 대비한 양동작전

그렇게 장사 상륙 작전 제1유격대는 장사리를 점령했고 그사이에 맥아더 장군의 지휘 아래 인천 상륙 작전도 성공적인 결과를 낸다. 하지만 장사리의 상황은 점점 악화된다. 애초에 인천 상륙 작전을 위해 3일간 교란 작전을 펼친 후 귀환할 예정이었기에 탄약이며 식량 등을 사흘 치만 준비해갔다. 그마저도 배가 좌초되며 대부분을 잃어버렸고, 북한군의 거센 반격과 기상 상황 악화로 철수 작전은 번번이 좌절되었다. 그사이에도 학도병들은 처절하게 버텨냈다.

작전 엿새 만인 9월 19일 오전 6시경에 철수를 위한 조치원호가 장사 부근 해역에 마침내 도착했다. 6시 30분부터 철수가 시작되었지만, 학도병들을 미처 다 태우기도 전에 북한군의 공격이 시작되었다. 오후 1시가 되자 썰물로 인해 철수하지 않을 수 없는 상황에 이르렀고, 해안에서 북한군을 저지하던 39명의 유격대원을 남긴 채 조치원호는 떠났다. 이때 귀환자는 약 640명이라고 알려져 있는데, 기록에 따라 조금씩 차이가 있어 1970년에 발간된《한국전쟁사》3권에서는 677명이라고 기록하고 있다.

1997년, 문산호를 인양하다

치열했던 역사의 현장은 현재 장사 해수욕장으로 탈바꿈했다. 해수욕객들이 드나드는 넓은 해변 일대에는 장사 상륙 작전의 승리를 기념하고 학도병들을 기리기 위한 기념공원이 조성되어 있다. 2012년에 지어진 이곳에는 위령탑, 위패봉안소, 전시교육관 등의 현충 시설과 서바이벌 체험장, 전망대 등 편의시설이 있다. 매년 9월에는 위령제와 추모 음악제도 진행된다.

장사 상륙 작전 전승기념공원에 들어서면 해변 추모 광장을 채우고 있는 학도병 동상들이 눈에 들어온다. 침몰 직전의 문산호에서 뛰어내려 상륙 작전을 펼친 긴밀한 현장을 재현한 동상을 보고 있

치열했던 전투가 벌어진 현장은 현재 해수욕장이 되었다. 해변 일대에는 장사
상륙 작전의 승리를 기념하고 학도병을 기리는 공원이 조성되었다.

자니 가슴이 먹먹해진다.

　인천 상륙 작전의 양동 작전으로, 그 중요성에 비해 주목받지 못
했던 장사 상륙 작전은 1997년 3월 6일 다시 세상의 주목을 받았
다. 국가보훈처가 장사 앞바다에 좌초된 문산호를 인양한 것이다.
2015년에는 65년 만에 문산호를 복원하기도 했다. 문산호 내부를
장사 상륙 작전 전승기념관으로 조성해 문산호 실물 모형과 장사

상륙 작전 스토리를 전시하고 있다.

> "전쟁에서 한쪽이 스스로를 승자라고 부를지라도, 승자는 없고 모두 패배자뿐이다."

영국 총리였던 네빌 체임벌린Neville Chamberlain의 말처럼, 전쟁은 사람들의 삶을 파괴하고 젊은이들을 사지로 몰며, 약자들을 먼저 희생하게 하는, 모두를 패배자로 만드는 끔찍한 비극일 뿐이다. 젊은 학도병들을 사지로 몰았던 전쟁 덕분에 지금의 평화가 있다는 사실과 그들의 희생을 기억해야 하겠지만, 그와 함께 다시는 전쟁이라는 비극이 일어나지 않도록 지금의 평화를 지켜가야 한다는 사실 역시 잊지 말아야 할 것이다.

장사 해변 한쪽에 조성된 솔숲에 마련된 학도병 추모 광장. 학도병들의 호국영령이 잠들어 있는 이곳에서 밤에 켜지는 등불이 지금도 그들의 영혼을 달래주고 있다.

고문과 억압으로도 막을 수 없었던 민주화의 꿈

#남영동 대공분실 #박종철 #김근태 #이한열 #민주인권기념관

　국제해양연구소. 서울시 용산구에 위치한 검붉은 벽돌 건물. 구
조적으로 바람이 잘 통하고 휴게공간과 테니스코트까지 갖춰져 있
어 건물의 용도가 무엇이든 간에 참 잘 만들어졌다는 생각이 든다.
하지만 이토록 건축적 아름다움을 가진 이곳을 1970~80년대를 살
아온 이들은 지옥으로 기억한다. '국제해양연구소'라는 현판을 걸고
있었지만 하루가 멀다 하고 젊은이들의 찢어지는 비명이 울려 퍼졌
다는 이곳을 사람들은 '남영동 대공분실'이라고 불렀다.

　이 건물의 숨은 사연을 하나씩 살피고, 건물과 떼려야 뗄 수 없
는 민주화운동을 김근태와 박종철, 두 인물의 비극적 이야기를 따
라가며 살펴보자.

민주인권기념관으로 변신한 대공분실의 현재 모습과 피의자 신분으로 끌려왔던
이들에게 공포심을 불러일으켰던 철문.

고문 감옥 남영동 대공분실의 문을 열며

쿵. 드르륵. 끼익. 콰. 철컥. 우리는 흔히 이런 의성어들로 문소리를 대신한다. 하지만 1970~80년대 용산구에 위치한 '국제해양연구소'에 다녀온, 아니 타의에 의해 끌려갔던 이들이 기억하는 이곳의 철문은 마치 탱크와 같은 굉음을 냈다고 한다. 그도 그럴 것이 보통 이곳에 끌려온 이들은 두 눈을 가리고 양손을 결박당한 상태였기 때문에 청각이 극도로 민감한 상태였을 것이다.

이 건물은 1976년 국가보안법을 위반한 이들을 조사하기 위한 기관으로 설립되었지만 사실상 군사 독재 시절에 유신 정권, 전두환 정권에 반대한 이들을 연행해 죄를 고백할 때까지 고문하는 용도로 사용되었다. '국제해양연구소'라는 현판을 달고 있었지만 '남영동 대공분실'이라 불리던 곳이다.

외관은 간결하고 수려해 보이지만 어딘가 이상한 구석이 눈에 들어온다. 유독 작게 나 있는 5층 창문들, 진입하는 방향에서는 보이지 않도록 설계된 후문, 공간을 많이 차지해서 대저택이 아니라면 설계하지 않는 원형 계단까지. 설계를 맡았던 건축가는 당대 최고라 불리던 김수근. 그가 이런 방식을 선택한 데는 이유가 있었다.

흡음판, CCTV, 욕조, 그리고 작은 창

눈을 가리고 양손을 포박당한 용의자들은 일단 후문으로 끌려 간다. 정신이 혼미해질 때까지 구타당한 뒤 앞서 언급한 계단을 통해 위로 또 위로 5층까지 밀려 올라간다. 이때 회오리 형태의 원형 계단의 존재 이유가 밝혀진다. 당최 몇 층쯤 올라가고 있는지 가늠할 수 없었기 때문에 피해자들은 엄청난 공포감을 느꼈고 나중에 증언할 때 층수를 정확히 기억하지 못했다. 5층에는 복도 양쪽으로 작은 취조실 16개가 자리하고 있다. 문을 열었을 때 건너편 방이 보이지 않도록 서로 엇갈리게 배치한 것은 물론 501호, 502호 대신 층수를 빼고 01, 02호 등으로 방 번호를 표기했다. 이것 역시 조사실이 몇 층에 위치하고 있는지 알지 못하게 하려는 장치였다.

조사실 내부는 방음에 굉장히 신경을 쓴 모습이다. 자해나 자살을 방지하기 위해 단단한 소재 대신 목재와 흡음판을 사용했다. 머리 하나 들어가지 않을 정도로 좁은 창문은 2중으로 되어 있어 아무리 코를 박고 밖을 내다봐도 하늘이 겨우 보일 정도로 설계되었다. 이는 피해자들의 투신을 막고 고문으로 인한 비명 소리를 차단하기 위함이었다. 당시 최첨단기술이었던 CCTV도 설치되어 있다.

비밀리에 취조실로 용의자들을 끌고 들어가기 위해 사용했던 대공분실의 후문과 원형 계단

무기로 사용해 조사관들을 공격하지 못하도록 바닥에 단단히 고정된 의자와 책상, 작은 욕조와 변기, 그리고 침대가 자리하고 있는 취조실 구석구석을 이 CCTV를 통해 매분 매초 감시하며 인권을 유린했다.

1985년 김근태 의장이 약 보름간 물고문과 전기고문을 겪었던 515호, 1987년 박종철 군이 고문치사 끝에 사망했던 509호 모두 비슷한 구조를 하고 있다. 흡음판, CCTV, 욕조, 그리고 작은 창만 보아도 이곳이 누군가를 가두고 고문하기 위해 철저히 계획된 '고문에 최적화된' 건축물이라는 것을 쉽게 알아차릴 수 있다. 하지만 2012년 대공분실의 설계도가 대중에 공개되기 전까지 정부는 이 사실을 인정하지 않았다.

"여기가 남영동입니까?"

김근태 의장은 1960년대 중반 서울대학교에 입학한 이후 여러 학생운동을 주도하며 손학규, 조영래와 함께 '서울대 운동권 삼총사'로 불렸다. 이후 1980년대에 들어서기까지 각종 단체에서 활동하며 수배와 투옥을 반복하던 그는 민청학련을 설립했다는 이유로 간첩으로 몰려 1985년 9월 남영동 대공분실에 수감된다. 그는 '저승사자' '인간백정' '장의사' 등 흉악한 별명을 가지고 있던 고문기술자 이근안의 주도하에 온갖 고문을 당한다. 전기고문과 물고문이 번갈아 가며 자행되었고 잠을 재우지 않을 뿐 아니라 밥도 주지 않았다고 전한다.

9월 4일부터 9월 20일까지 17일 동안 불법 구금되었다가 풀려난 김근태는 당시 겪었던 일을 최대한 상세히 기록해 여러 차례 고발

남영동 대공분실의 5층 모습. 경찰인권센터로 바뀌며 분위기 전환을 위해 조금씩 개조했지만, 故 박종철 군이 고문받았던 509호는 본래 모습 그대로 보존되고 있다.

했다. 아내 인재근 여사는 가수 이미자의 테이프 중간에 남편의 증언을 녹음해 해외 언론에 전하기도 했다.

고문기술자 이근안은 당시 다른 기관으로 출장을 다니기까지 했던 촉망 받는(?) 공안 경찰이었다. 그의 고문을 견디지 못하고 거짓 자백을 해 간첩 누명을 쓴 사람이 헤아릴 수 없이 많고 후유증을 이기지 못해 자살한 사람도 있다고 한다. 1987년 6월 항쟁과 6·29 선언 이후 그는 고문 혐의로 수사를 받게 되었고 10년 10개월간 잠적해 도피 생활을 했다. 1999년 이근안은 10여 년간의 도피 끝에 자수했지만 죄질에 비해 한참 부족한 징역 7년을 선고받았다.

"책상을 탁! 치니 억! 하고 죽었습니다"

한편 전두환 정권 말기였던 1987년 1월 14일에는 서울대학교 언어학과 학생 박종철 군이 이곳에서 고문을 받다 사망하는 사건이 발생한다. 당시 경찰은 "책상을 탁! 치니 억! 하고 죽었습니다"라는 다소 황당한 증언과 함께 박군이 쇼크사했다고 밝혔고 부모의 동의도 없이 화장을 감행하려 했다. 이를 의심스럽게 생각한 부장검사

최환이 사체 보존 명령을 내렸다. 박종철을 최초로 검진한 오연상 내과의사의 양심고백, 윤상삼 기자의 보도정신으로 사건의 내막은 점점 수면 위로 드러났고 옥살이 중 고문치사 사건의 뒷이야기를 접하게 된 이부영 운동가가 교도관 한재동, 전병용을 통해 전 대통령 비서실 수석비서관 김정남에게 편지를 써 진상을 세상에 알렸다.

5월 18일 천주교정의구현전국사제단 김승훈 신부는 광주민주화운동 7주기 추모미사를 통해 박종철 고문치사와 관련된 경찰의 은폐조작사건에 안기부, 법무부, 내무부, 검찰, 대통령 비서실과 이들 기관의 기관장이 조직적으로 관여했다는 사실을 밝혔다.

김 신부의 폭로 이후 박종철과 또래였던 청년들을 필두로 시위가 시작되었다. 이 시위에서 잊지 말아야 할 또 한 명의 청년이 등장한다. 연세대 경영학도였던 이한열이다.

이한열은 학생운동가로서 자신이 속해 있는 동아리 '만화사랑'을 통해 5·18 항쟁의 실태를 알리고 있었다. 국민평화대행진(6·10대회)에 출정하기 하루 전인 1987년 6월 9일 1,000여 명의 학생들과 함께 연세인 결의대회를 마친 그는 연세대학교 정문 앞에서 시위를 벌이다가 경찰이 발사한 최루탄을 맞고 사망했다. 박종철에 이어 이한열까지 무고한 젊은이들이 희생당하자 독재 정권에 대한 시민의 반감은 들불처럼 번져나갔다.

이는 곧 6월 항쟁으로 이어져 범국민적 민주화운동에 불을 지폈다. 6월 항쟁의 결과 5·16군사정변 이후 27년간 지속된 군부 독재가 끝을 맺었고 제도적 민주주의를 회복하기 시작했다. 6월 항쟁은 평화 시위로 독재 정권을 몰아냈다는 점에서 세계적으로 매우 높이 평가받는 시민 항쟁이다.

고문 감옥에서 인권기념관으로

김근태, 박종철 사건 등을 거치며 독재, 반인권운동의 상징적 현장으로 낙인찍힌 남영동 대공분실은 2005년 경찰청인권센터로, 2018년에는 민주인권기념관으로 두 번의 변신을 거듭했다. 박종철 열사가 고문을 당했던 509호를 제외한 15개의 취조실은 평화적인 느낌을 더하기 위해 리모델링을 거쳤다. 또 4층에는 '박종철 기념 전시실'을 마련해 1980년대 사회상부터 박종철 열사의 일대기, 고문치사 사건의 전말과 6월 항쟁의 결과에 걸친 역사를 전시하고 있다. 김근태 의장이 수감되었던 515호에서는 아카이브 전시 '근태서

민주인권기념관으로 거듭난 남영동 대공분실의 박종철 기념전시실.

재 시 소리 숲'이 진행 중이다. 김 의장의 딸인 김병민 큐레이터가
직접 기획해 추모공간을 조성했다.

　민주인권기념관은 주중 주말 없이 매일 하루 2회 정기해설을 운
영하고 있다. 해설사와 함께 1시간~1시간 반 정도 민주인권기념관
의 구석구석을 둘러보며 이곳의 역사, 건축적 특징, 대한민국의 민
주화 역사에 가지는 의미 등을 살핀다. 민주인권기념관은 2022년
정식 개관을 예정하고 있다.

발품에 눈품을 가득 실은 답사기

- 임철순 (언론인, 전 한국일보 주필)

여산의 는개와 절강의 조수를 廬山煙雨浙江潮

못 가본 때는 천 가지 한이 적지 않더니 未到千盤恨不少

가서 보고 돌아오니 별것 없더라 到得歸來無別事

여산의 는개와 절강의 조수일 뿐이더라 廬山煙雨浙江潮

소동파의 재미있는 시다. 여산과, 절강의 조수는 천하의 명승 절경인데, 왜 이런 말을 했을까. 이미 머리와 마음속에서 수도 없이 다녀왔기 때문이다. 가서 보니 과연 내 생각과 같더라는 감탄을 소동파는 이렇게 표현했다. 그곳이 별것 아니라거나 여행이 무의미하다고 말한 게 아니다.

제주도 사투리에 '강방왕'이라는 말이 있다. '가서 보고 와서'라는 뜻이다. "강방왕 고라주켜"는 "가서 보고 와서 알려주겠다"는 말이다. '가다' '보다' '오다' 이 연속되는 세 행위를 하나로 묶어 동시 진행으로 만들면 산책과 답사의 의미가 분명해진다.

발품과 '눈품'을 팔아야만 자연과 역사와 인간이 보이고, 풍경과 정경이 오롯이 내 것이 된다. 《역사를 만나는 산책길》에 실린 글들은 이런 '강방왕'의 산물이다. 걷지 않으면 볼 수 없다. 보지 못하면 걸어도 의미가 없다. 걷는 것은 세상에 나를 내놓고 세상을 호흡하는 일이다. 목적지에 빨리 닿는 것보다 중요한 건 해찰을 잘하는 것이다. 남을 추월하는 보행이 아니라 유연하게 거니는 걸음이다. 보면서 걷고, 걸으면서 보아 자신의 길을 새로 찾고 내는 것이다.

숲은 나무로 이루어진다. 하지만 때로 숲은 나무를 감추고, 나무는 숲을 가려 알지 못하게 한다. 그래서 공부가 필요하다. 소동파는 남모르는 깊은 공부를 오래 한 끝에 그곳이 별거 아니라는 시를 남김으로써 오늘날까지 '최고의 선시禪詩'라는 평을 듣고 있다.

명나라의 서화가 동기창은 서화 작품에서 향기가 나려면 "만 권의 독서를 하고 만 리를 여행하라讀萬卷書 行萬里路"고 말했다. 독서가 집에서 하는 여행이라면 여행은 밖에서 하는 독서다.

그러나 걷고 보고 읽는 것만으로는 부족하다. 가서 보고 왔으면 남겨야 한다. 남김으로써 나누고, 나눔으로써 남기자. 글과 그림, 사진으로 남기면 아름다움이 보존되며 즐거움이 세상과 공유된다. 이 책이 그런 즐거움과 아름다움을 몇 곱절로 키우고 있다.

이 책을 만드는 데 도움을 주신 분들

김이담 | 이윤석 | 임철순 | 이정화 | 김헌재 | 최형준 | 권정숙 | 조복윤 | 박미리

역사를 만나는 산책길

초판 1쇄 발행 2020년 3월 18일
초판 3쇄 발행 2020년 6월 3일

지은이 공서연 한민숙
발행인 박영규
총괄 한상훈
편집장 김기운
기획편집 김혜영 정혜림 조화연 **디자인** 이선미 **마케팅** 신대섭

발행처 주식회사 교보문고
등록 제406-2008-000090호(2008년 12월 5일)
주소 경기도 파주시 문발로 249
전화 대표전화 1544-1900 **주문** 02)3156-3681 **팩스** 0502)987-5725

ISBN 979-11-5909-982-3 03980
책값은 표지에 있습니다.